edition suhrkamp 2599

Mal gelten sie als visionäre Wirtschaftslenker, mal als »Nieten in Nadelstreifen« – das Ansehen der Manager kennt eine Konjunktur eigener Art. Nach Steuer- und Spitzelaffären ist es mit der Finanzkrise in der Talsohle angekommen. Jenseits von grob gezeichneten Feindbildern wie Heuschrecken und der PR-Verklärung der Unternehmen weiß aber eigentlich niemand, was in den leitenden Angestellten der Deutschland AG wirklich vorgeht: Wie gehen sie mit dem permanenten Hochdruck um? Mit welchen Eselsbrücken stellt man sich zwölfstellige Zahlen vor? Solchen Fragen gehen Barbara Nolte und Jan Heidtmann in den Gesprächen nach, die sie mit deutschen Topmanagern geführt haben. Entstanden ist eine Sammlung offener Zeugnisse, die einen Einblick in das unbekannte Leben auf der Vorstandsetage geben.

Barbara Nolte, 1968 geboren, arbeitet als Journalistin für den *Tagesspiegel*, *Die Zeit* und das Magazin der *Süddeutschen Zeitung*. Jan Heidtmann, 1965 geboren, ist stellvertretender Chefredakteur beim Magazin der *Süddeutschen Zeitung*.

Die da oben

Innenansichten aus deutschen Chefetagen

Von Barbara Nolte
und Jan Heidtmann

Suhrkamp

edition suhrkamp 2599
Erste Auflage 2009

Originalausgabe

Satz: TypoForum GmbH, Seelbach
Druck: Druckhaus Nomos, Sinzheim
Umschlag gestaltet nach einem Konzept von Willy Fleckhaus: Rolf Staudt
Printed in Germany
ISBN 978-3-518-12599-1

2 3 4 5 6 7 – 15 14 13 12 11 10

Inhalt

Vorwort

Die Arbeit an diesem Buch begann vor einem guten Jahr und doch in einer anderen Zeit: Die Wirtschaft wirtschaftete vor sich hin, Konjunkturprognosen waren noch etwas wert und zeigten nach oben. Dass dies auf porösem Grund geschah – der aufmerksame Leser des Wirtschaftsteils ahnte es vielleicht, und einige Bankvorstände wussten es. Aber auch sie konnten sich noch der Hoffnung hingeben, die Folgen der Finanzkrise würden nicht allzu weite Kreise ziehen.

Am 15. September 2008 ließ die amerikanische Regierung die Investmentbank Lehman Brothers untergehen. Die Entscheidung erschütterte die Finanzmärkte und schließlich die gesamte Wirtschaft und gab der Arbeit an diesem Buch eine neue Bedeutung. Es ist – in einem Jahr wie dem vergangenen geht das nicht anders – auch ein Buch über Männer in der Krise geworden, die letztendlich eine Krise der männlichen Werte ist: Konkurrenz, Kampf, Geschwindigkeit. Alexander Dibelius erfuhr in New York vom Zusammenbruch von Lehman Brothers. Er schildert die darauf folgenden Wochen der Ungewissheit, ob Goldman Sachs, die traditionsreiche Investmentbank, ebenfalls in den Strudel der weltweiten Firmenpleiten gerissen würde. Jürgen Hambrecht, Chef des weltgrößten Chemieunternehmens BASF, berichtet, wie die Krise in jenem Herbst jäh in sein zuvor gesundes Unternehmen eindrang.

Im Grunde aber interessierte uns das Leben in den Vorstandsbüros, nicht nur das Überleben. Das Anliegen, mit dem wir die Konzernzentralen bereisten, ist zeitlos. Bei diesem Buch geht es um ein Psychogramm der deutschen Chefetage, darum, wie »die da oben« eigentlich sind. Eine einfache Frage. Und vielleicht deshalb so kompliziert.

Verließe man sich auf das Bild, das in der Öffentlichkeit von den Spitzenmanagern gezeichnet wird, wäre dieses Buch gar nicht nötig: Manager gelten da als selbstherrlich, unverantwortlich, als im eigentlichen Sinne asozial. Aber eben auch sehr mächtig. Männer, die Arbeit geben und Arbeit nehmen. Und ihr eigenes Gehalt immer wieder erhöhen. »Jeder ein geschlossenes System. Ein fleischgewordener Chip. Nicht ein Augenzwinkern verrät, dass sie gern leben«, schreibt Wolf Wondratschek dazu in seiner »Kleinen Rede an die Herren in den Flugzeugen«.

Wird einmal etwas abseits von Bilanzen und Börsengängen aus den Vorstandsetagen bekannt, schildert es vor allem das Versagen einer Klasse: Banken handeln mit faulen Krediten, Telekom, Bahn und Lidl lassen ihre Mitarbeiter bespitzeln, bei Siemens gehörte demnach die Bestechung praktisch zum Arbeitsalltag. Auf deutschen Chefetagen scheinen gesetzlose, ja archaische Zustände zu herrschen. Da sagt der Chef der Deutschen Bank in der Finanzkrise: »Wenn andere schwach sind, müssen wir stark sein.« Und als er nach den enormen Gehältern der Manager gefragt wurde, gab Josef Ackermann dann noch eine Antwort, die das Verhältnis der Manager zum Rest der Republik gut beschreibt: »Das ist natürlich aus der Logik einer Welt gesprochen, die nicht öffentlich darstellbar ist. Das ist mir auch klar.«

Die Welt der Manager ist vor allem eine hermetische Welt. Eine, die nur ein Innen und ein Außen kennt und keine fließenden Übergänge. Mit einem eigenen Codex und einer eigenen Sprache. In den Vorständen der 30 umsatzstärksten deutschen Aktiengesellschaften sitzt nur eine Frau; dafür kommt bei potentiellen Vorständen der Headhunter mitunter zum Abendessen, um festzustellen, ob die Ehefrau auch eine ist, die ihrem Mann den Rücken frei hält.

Manchmal müssen die Bewohner dieser Welt die oberen Etagen verlassen und die andere Welt durchqueren. Die Wege, die sie dann nutzen, sind perfekt gegen Einflüsse von außen abgedichtet: durch Limousinen, eigene Aufzüge und First-Class-Lounges. Jede Überschreitung dieser Grenzen erscheint berichtenswert: Wie der damalige Daimler-Chef Jürgen Schrempp 1995 auf der Spanischen Treppe in Rom mit einigen Flaschen Rotwein den Geburtstag seiner Geliebten feierte, ist eine bis heute häufig erzählte Anekdote. Und eigentlich auch die einzige, die von gewöhnlichen menschlichen Regungen in der Kaste der Manager zeugt.

»Eine ganz eigene Art von Einsamkeit« glaubt Klaus-Peter Gushurst bei Spitzenmanagern zu erkennen. Er arbeitet seit Jahren für die Unternehmensberatung Booz Allen Hamilton mit Vorstandsvorsitzenden zusammen. »Morgens wird noch mit der Familie gefrühstückt, aber sobald sie zu ihrem Fahrer ins Auto steigen, sind sie Chef. Sie müssen immer hundert Prozent performen, sie müssen immer wie Schauspieler agieren, sie sitzen immer vorne.« Freundschaften zu pflegen oder aufzubauen ist in dieser Position kaum mehr möglich: Innerhalb des Unternehmens sind die Vorstände immer auch Chef, außerhalb fehlt die Zeit. Die Beziehungen »entemotionalisieren sich«, funktionieren nur noch auf einer professionellen Ebene. »Diese Leute dosieren sehr fein, was und wie viel sie sagen, alles ist sehr taktisch ausgelegt«, erklärt Gushurst. »Es gibt wenige Vorstandsvorsitzende, die den Eindruck vermitteln, authentische, in sich ruhende Persönlichkeiten zu sein.«

Die Krise riss Löcher in die abgeschottete Welt der Manager, der Blick wurde frei auf seltsam unbeholfene, aber auch uneinsichtige Männer, die auf Millionenabfindungen beharrten, obwohl sie ihre Unternehmen schwer beschädigt hatten. Die nach Jahren der Verklärung als »Masters of the Universe« oder als »kreative Zerstörer« Schumpeterscher Prägung unfähig waren, mit ihrem Scheitern umzugehen. Das einprägsame Bild dazu stammte nicht aus Deutschland, sondern aus Frankreich: Manager, die hinter Jalousien in verschwitzten Hemden ihren Lunch wie eine Henkersmahlzeit aufzehrten. Arbeiter hatten sie als Geiseln genommen, um sie zu zwingen, Verhandlungen über Werksschließungen wieder aufzunehmen. Plötzlich waren die Mächtigen sehr ohnmächtig.

»Bei vielen Führungskräften sind die inneren Koordinaten ins Wanken geraten«, sagt Werner Penk, Partner bei der Personalberatung Heidrick & Struggles. Sie fühlten sich unter Druck, schliefen schlechter, hätten Angst um ihre Jobs. Auf Führungskräfte spezialisierte Psychologen und Einrichtungen berichten von großem Andrang. Die Schwäche wird nur im Verborgenen gezeigt; es gilt, was Jürgen Hambrecht, der Chef des Chemiekonzerns BASF, sagt: »Wer in meiner Position Angst hat, ist an der falschen Stelle.«

»Nehmen Sie Schlafmittel?«, »Wie viele Menschen haben Sie entlassen?«, »Was fasziniert Sie an Geld?«: Es sind solche grundlegenden Fragen, denen wir in diesem Buch nachgehen. Gestellt haben wir sie elf führenden bzw. ehemals führenden Managern und einer führenden Managerin, in alphabetischer Reihenfolge: Frank Appel (Deutsche Post AG), Alexander Dibelius (Goldman Sachs), Thomas Fischer (Deutsche Bank), Hubertus von Grünberg (Continental), Jürgen Hambrecht (BASF), Hartmut Mehdorn (Deutsche Bahn), Matthias Mitscherlich (MANFerrostaal), Werner Müller (Evonik, Ex-Bundeswirtschaftsminister), René Obermann (Telekom), Heinrich von Pierer (Siemens AG), Kai-Uwe Ricke (Telekom) und Margret Suckale (Deutsche Bahn).

Uns ging es aber nicht nur um Einblicke, sondern vor allem um Einsichten. Deswegen spielte bei der Auswahl der Gesprächspartner für dieses Buch nicht nur die Branche und die Unternehmensgröße eine Rolle, sondern die Bereitschaft und die Fähigkeit zur Selbstreflexion: Kai-Uwe Ricke schildert eindringlich seine Seelenlage als Telekom-Chef; bei Heinrich von Pierer schimmert, trotz aller Souveränität, in jedem Satz die Enttäuschung über seinen jähen Fall durch; Hubertus von Grünberg, ehemaliger Aufsichtsratschef des Autozulieferers Continental, promovierte über die Relativitätstheorie, verstand aber die Strategie des kleineren Konkurrenten Schaeffler, der eine feindliche Übernahme plante, nicht mehr.

Jeder unserer Gesprächspartner kam aus guten Gründen in seine

Position: René Obermann durch seine Hartnäckigkeit, Margret Suckale durch ihre Disziplin, Alexander Dibelius durch seine Intelligenz, Matthias Mitscherschlich durch seine unkonventionelle, aber beharrliche Art. Das Verbindende bei allen ist die Lust an der Macht, die sie so nie nennen würden; die *pen power*, wie es im Englischen heißt: das Bewusstsein, dass jeder Strich ihres Kugelschreibers ein Stück Wirklichkeit verändert. Und jeder zahlt seinen Tribut dafür, keiner kommt ohne *déformation professionnelle* davon. »Ich habe gedacht, an der Spitze bist du frei«, sagt etwa Kai-Uwe Ricke, »man ist aber nicht frei. Ich war in meinem Leben noch nie so unfrei wie in den letzten Jahren bei der Telekom.«

Dank muss sein. Vor allem an Andreas Bernard, mit dem die Idee zu diesem Buch eines Abends entstand. Und an Martina Wendl, die die Gespräche für uns verschriftlicht hat.

Jan Heidtmann, Barbara Nolte, Juli 2009

Kai-Uwe Ricke
»Ich war noch nie so unfrei wie an der Spitze der Telekom«

Kai-Uwe Ricke ist ganz braun. Früher sah er im Fernsehen immer so aus, als hätte man die Farbe herausgedreht. Telekom-Chef zwischen 2002 und 2006. Ein junger Mann, beim Amtsantritt kaum über 40, der alt wirkte. Heute, sieben Jahre später, sieht er fast ein bisschen jungenhaft aus. Jeans, blaue Windjacke. Schlaksig, sehr freundlich. Er ist zu spät dran. Stau auf der Autobahn. Von Zürich ist er gekommen, wohin er gerade gezogen ist. Es gebe dort sogar wieder Häuser am See zu kaufen, sagt er, lacht. Die Krise geht auch an den Reichen nicht vorüber.
Kai-Uwe Ricke lässt sich in einen tiefen Sessel in der Bar des Hotels Bayerischer Hof in München fallen. Mit seinen langen Armen umschlingt er seine Knie und fängt an, begeistert von seinem Leben als freier Unternehmer zu erzählen. Bei ihm klingt das wie: von seinem Leben als freier Mann.
Ricke hat sich in das Telefonunternehmen der libanesischen Familie Hariri eingekauft. Und einem älteren Familienunternehmer saniert er die Firma, was dem Unternehmer sichere Einnahmen fürs Alter und ihm vielleicht ein paar Anteile an der Firma einbringt. Hemdsärmelige unternehmerische Arbeit, die er wohl dosiert, damit ihm Zeit zum Sport und Meditieren bleibt. Er sitzt außerdem noch in mehreren Aufsichtsräten.
Doch die Telekom, der er entronnen ist, so sieht er das selbst, lässt ihn nicht ganz los: 2008 wurde bekannt, dass in seiner Amtszeit Journalisten ausgespäht worden waren.

War Manager Ihr Wunschberuf?
Meine Frau erinnert mich heute noch gelegentlich daran, dass ich ihr – als wir uns mit 18 kennen lernten – bereits sagte, ich wolle Manager werden. Ich war immer so unterwegs. Und es wurde immer zielgerichteter.
Mit nur 40 Jahren standen Sie an der Spitze der Telekom – ganz oben.
Genau. Und dann war ich ganz unten.
Am 12. November 2006, kurz nach ihrem 45. Geburtstag, mussten Sie als Vorstandschef gehen. Das hat Sie sehr verletzt?

Nein. Ich war enttäuscht vom Verhalten Einzelner, nicht verletzt. Dazu gehört mehr.

Fühlten Sie sich zu Unrecht abgesetzt?

Absolut. Zum Rücktritt gezwungen, wie man so schön sagt.

Wie zwingt man denn jemanden zum Rücktritt?

Da sagt einem der Aufsichtsratsvorsitzende: »Der Aufsichtsrat steht nicht mehr hinter Ihnen.« Was will man dann noch machen?

Haben Sie nach den Gründen gefragt?

Nein. Was soll man da noch diskutieren? Man ist ja Angestellter des Unternehmens, und wenn der Aufsichtsrat einem das Vertrauen entzieht, ist es vorbei.

Sie tun so gelassen.

Ich fühle mich enorm erleichtert. Keine durchgetakteten Tage mehr, keiner, der kuckt: Was macht der da oben gerade? Weder in der zweiten Reihe im Unternehmen noch in der dritten. Es kann einem völlig egal sein, wer was gerade denkt. Das Leben gehört wieder einem selbst. Ich habe mir seitdem ein Netz an Tätigkeiten zugelegt. Ein paar Aufsichtsratsmandate, an ein paar Unternehmen habe ich mich beteiligt – alleine oder zusammen mit Private-Equity-Firmen. Ich bin wieder ganz Unternehmer. Alles ist sehr lebendig. Der komplette Gegensatz zu dem, was ich vorher erlebt habe.

Wie sah Ihr Alltag als Chef der Telekom aus?

Mein Terminkalender war auf Monate durchstrukturiert: Vorstands- und Aufsichtsratssitzungen, Roadshows irgendwo auf der Welt. Achtmal am Tag das gleiche erzählen. Dann zurück ins Hotel, wo ich mich nicht hinsetzen und ein wenig entspannen konnte, sondern erst einmal E-Mails aufarbeiten musste. Da leidet nicht nur die eigene Lebensqualität. Die ganze Familie verändert sich. Erst als ich nicht mehr bei der Telekom war, habe ich gemerkt, wie meine beiden Jungs mich damals geschont haben. Nach dem Motto: Lass den mal!

Wie alt waren Ihre Söhne zu der Zeit?

Sieben und elf. Ein ganz entscheidendes Alter, gerade für Jungs, weil sie sich dann am Vater orientieren. Die wollten von mir ganz banale Dinge, wie dass ich mit ihnen Fußball spiele. Das macht man dann auch noch. Und wo bleibt dann die Ehefrau? Man fängt nur noch an zu managen.

Man managt selbst die eigene Beziehung.

War bei mir tatsächlich so.

Ist es ein großer Unterschied, ob man nun Chef der ganzen Telekom ist oder nur der Chef von T-Mobile? Das waren Sie die vier Jahre zuvor.

Absolut. Der erste Mann ist immer derjenige, auf den alle fixiert sind. Diese Last sieht man den meisten Menschen in herausgehobenen Positionen auch körperlich an. Sie müssen mal darauf achten, wie die sich über die Zeit verändern, nicht nur bei der Telekom. Die einen werden dicker. Die anderen werden dünner. Man sieht es ihnen auch an den Augen an, im Wesentlichen an den Augen.

Sie werden hohläugig. So wie Sie zum Schluss.

Ich habe kürzlich Fotos von damals gesehen. Unglaublich, wie ich in der Zeit gealtert bin!

Was war denn der erste Zwang, den Sie nach Ihrer Berufung zum Vorstandschef spürten?

Die Öffentlichkeit. Die habe ich unterschätzt.

Was genau haben Sie unterschätzt?

Die Rolle, die ich hätte spielen müssen.

Ihre Rolle war die des Unscheinbaren.

Genau. Wer ist das überhaupt? Ich habe damals noch nicht verstanden, dass es dazu gehört, ein Bild von sich zu bauen – insbesondere für schwierige Zeiten, wie ich sie ja am Schluss hatte.

Was meinen Sie damit: ein Bild von sich bauen?

Ich hätte meine Persönlichkeit einfach stärker, bitte nicht falsch verstehen, zur Schau stellen sollen. Und das macht man – das brauche ich Ihnen nicht zu erzählen, wie man das macht: zum Beispiel über das Medium Fernsehen. Man muss sich nicht in Talkshows setzen, sondern man lässt sich interviewen.

So schlecht können Sie mit den Medien nicht umgegangen sein: Die Porträts, die wir über Sie gefunden haben, waren fast alle positiv.

Ich weiß. Erst hieß es: endlich, ein Junger. Der macht alles anders. Doch später bekam ich zu spüren, dass, wenn der Wind sich dreht, dieselbe Eigenschaft, die zuvor als Stärke galt, plötzlich zur Schwäche wird.

Aus kompromissbereit wird entscheidungsschwach.

Zum Beispiel. Oder aus überlegt wird zögerlich. Dagegen kann man sich nur ein bisschen wappnen, indem die Menschen schon zuvor ein Bild von einem haben.

Wie sehen Sie sich selbst: als überlegt oder zögerlich oder als keines von beidem?

Ich war immer derjenige, der sagte: Okay, alles verstanden – und jetzt schlafen wir mal eine Nacht darüber. Es gibt Unternehmensphasen, in denen das exakt richtig ist. Es gibt andere Unternehmensphasen, in denen ist es falsch.

Nicht weil sich das Problem über Nacht verschärft hätte, sondern weil es ein falsches Signal war.

Genau. Wenn ich heute noch einmal so eine Aufgabe übernehmen würde, würde ich ganz bewusst mein Handeln so ausrichten, dass es Signale aussendet. Ich würde zum Beispiel auch im Unternehmen Exempel statuieren. Jemanden, flapsig ausgedrückt, öffentlich bestrafen. Das habe ich nie getan. Als ich anfing, tauschte ich den ganzen Vorstand aus. Keiner hat darüber geredet, denn ich hatte es nicht in der Öffentlichkeit getan. Aber man muss es in der Öffentlichkeit tun, damit die Leute sagen: Wow! Der haut aber drauf!

Aber so will man sich doch nicht geben, oder?

Auf das Motiv kommt es an. Wenn man anfängt, das Spiel zu spielen: Kopf-ab hier, Kopf-ab da, und man tut es nur für sich, sein Ego, sein Fortkommen, dann ist es kritikwürdig, abscheulich, unmoralisch. Aber wenn man sagt: Ich bin verantwortlich dafür, dass es diesem Unternehmen als Ganzem gut geht. Dann ist es richtig. Wenn ich mit meinem Sohn heute auf der Fahrt von Zürich nach München eine Diskussion darüber führe, wie viel Aufwand er für sein Abitur treiben soll, dann bin ich ja auch hart, aber aus dem richtigen Motiv. Das ist dann gar nicht abscheulich. Aber dafür braucht man eine gefestigte Persönlichkeit und ein klares Motiv.

Wie würden Sie Ihren Führungsstil beschreiben?

Ich bin von meiner Persönlichkeit her der Raum-Gebende, Kompromisse-Suchende, der sich selbst nicht ins Rampenlicht schiebt. Nach der Losung von Laotse: Der beste Führer ist der, den man nicht sieht. Ich hatte mit meiner Art auch Erfolge: Als ich anfing, schrieben wir 24 Milliarden Euro Verlust, daraus machten wir 5,5 Milliarden Gewinn. Doch im Nachhinein glaube ich: Gewisse Unternehmen brauchen keinen Anführer, den sie nicht bemerken, sondern einen, der eine Show spielt. Ich meine das nicht abwertend.

Ihnen fiel es schwer, zu repräsentieren.

Das war nicht meine Art. Und wenn man es sich nur schnell anlernt, merken das die Leute sofort, zumal ich immer ein schlechter Schauspieler war. Nein, der Begriff Schauspieler ist eigentlich falsch. Man muss die Rolle, die man da bekommen hat, ausfüllen wollen, und ich war nicht verliebt genug in die Rolle des Telekomchefs. Ich wollte, als ich bei der Telekom 1998 anfing, nicht für die Ewigkeit bleiben, schon gar nicht an der Spitze. Ich weiß nicht, ob Sie sich an die Ereignisse von damals erinnern: Nachdem Ron Sommer weg war, wurde ein externer Kandidat nach dem anderen zerschossen. Als ich damals merkte, dass ein Vertrauensverhältnis zum damaligen Interimschef Helmut Sihler entstand, da reizte es mich. Nicht wegen der Macht, sondern wegen der Gestaltungsmöglichkeiten, die ich mir vom Vorstandsvorsitz versprach. Ich habe mich dann auch voll reingehängt. Doch im Nachhinein merke ich: Ich war in eine Struktur hineingeraten, die sehr schnell Besitz von mir ergriff.

Fühlten Sie sich trotz der Zwänge souverän?

Im Grunde schon. Doch manchmal war die Struktur auch übermächtig. Ab einer bestimmten Unternehmensgröße brennt immer irgendwo etwas. Oder man weiß nur noch nicht, dass irgendwo etwas brennt.

Hat Sie das bedrängt?

Ich empfand es als sehr unangenehm. Weil es dem menschlichen Instinkt widerspricht, der ja Unsicherheit vermeiden will. Das zu überwinden ist ein gutes Training für den Rest des Lebens. Damit keine Missverständnisse aufkommen: Diese Aufgabe angenommen zu haben ist eine Riesenerfahrung, ist ein Segen, wirklich ein Segen. Ein unglaubliches Glück.

Sie denken nie: Was habe ich mir da bloß angetan?

Nie. Es gab ja auch Situationen, in denen die Arbeit richtig Spaß gemacht hat. Außerdem hatte ich das Glück, dass ich den Job relativ jung machen durfte. Und dass ich gesund wieder herausgekommen bin. Einen meiner Vorstandskollegen habe ich beerdigt. Herzinfarkt – tot umgefallen. Mit 47. Er war einer, der sich alles zu Herzen nahm, der alles an sich herankommen ließ, der ein richtig Guter, fast ein Freund war.

Fühlten auch Sie sich manchmal gesundheitlich angeschlagen?

Eher ausgelaugt.

Lag es am wenigen Schlaf oder am vielen Druck?

Ich habe viele Probleme absorbiert, in meinen Körper hineingefressen. Als Vorstandschef ist man allem Möglichen ausgesetzt. Da muss man sich einen Mantel schneidern, damit einem die Dinge nicht so unter die Haut gehen. Man muss versuchen, seine Emotionen außen vor zu lassen, aber ohne dass das Umfeld es merkt. Denn das Umfeld will Führung, will reinkriechen in einen, will Dinge abladen. Um in solch einer Führungsaufgabe wirklich gut zu sein, brauchst du neben der Betriebswirtschaft noch einmal eine völlig andere Sicht der Dinge.

Eine innere Distanz?

In gewissem Sinne. Mir fällt kein anderer Ausdruck ein als Unabhängigkeit, Stärke, ja Emotionslosigkeit, die aber draußen so nicht ankommen darf.

Eine Härte, die sich als Weichheit tarnt.

Und umgekehrt. Emotionslos heißt ja, dass man zum Beispiel wütend ist, aber innerlich ist man ganz ruhig. Weil man weiß, es ist nicht wirklich wichtig. Es berührt nicht die eigenen Emotionen. Aber du musst jetzt mal wütend sein.

Vielleicht darf man in so einer Position die anderen Menschen gar nicht so ernst nehmen? Nicht versuchen, jeden, mit dem man zu tun hat, in seiner ganzen komplexen Persönlichkeit zu sehen …

Man darf die anderen, man darf nichts übertrieben ernst nehmen. Das ist wahr.

Wird man nicht zum Zyniker, wenn man nichts mehr ernst nimmt?

Nein, nicht wenn man Mitgefühl hat. Man muss ehrliches Mitgefühl haben, aber am Ende wissen: im übergeordneten Sinne ist nichts wichtig. Auch man selbst nicht.

Braucht man dazu auch das Schauspieltalent, auf das Sie vorhin anspielten, als Sie sagten, Unternehmensführung sei zum Teil Show?

Nein, es ist mehr die innere Haltung. Wenn man sein Verhalten als Schauspielkunst begreift, wird es gefährlich. Ich will keine Namen nennen, aber wenn Sie Akteure in der Politik oder auch in der Wirtschaft über längere Zeiträume beobachten, stellen Sie fest, ob einer wirklich so ist oder ob er spielt.

Kann man ein DAX-Unternehmen wirklich führen und dabei zugleich spielen?

Für eine gewisse Zeit funktioniert das. Irgendwann kommt heraus, dass die Substanz fehlt. Menschen haben dafür ein Gespür, gegen das man auf Dauer kein Unternehmen führen und auch kein politisches Amt bekleiden kann. Es ist nur die Frage: Dauert es fünf, zehn oder 15 Jahre, bis der große Knall kommt?

Sind Politiker eigentlich anders als Manager? Als Telekom-Chef hatten Sie ja viel mit ihnen zu tun.

Politiker sind noch um ein Vielfaches – und das unterschätzt man leicht – mehr getrieben durch das, was andere denken, sprich: was die Öffentlichkeit denkt.

Wer war denn Ihr direkter Ansprechpartner in der Politik? Hatten Sie beispielsweise die direkte Nummer von Finanzminister Steinbrück?

Natürlich. Aber man benutzt sie nicht häufig. Man will ja den Leuten nicht auf den Wecker gehen. Das macht man nur, wenn es wirklich ernst wird. Beim Thema Maut beispielsweise musste ich sehr viel mit Politikern telefonieren …

… Telekom und Daimler haben 2003 ein System zur Erfassung der LKW-Maut nicht pünktlich fertig gestellt. Die Einführung der Maut musste verschoben werden …

… ein Riesenpolitikum. Ich sehe mich da noch mit Schröder und Schrempp, dem damaligen Daimler-Chef, vor dieser Bundespressekonferenz sitzen, und Schrempp sagte zu den Journalisten: Ja, das war ja nicht so richtig unser Metier. Wir können besser Autos bauen.

Dabei waren die ganz maßgeblich beteiligt.

Aber wie! Die haben das Konsortium angeführt. Nur wir waren diejenigen, die in der Öffentlichkeit am Ende den schwarzen Peter in der Hand hielten. Ich will uns ja gar nicht von jedem Fehler freisprechen.

Sind Ihnen Fehler, die Sie gemacht haben, eigentlich nachgegangen? Lagen Sie oft nachts wach und dachten: Mist?

Nein. Ich überlege gerade, was ich für Fehler gemacht habe. Vielleicht ein paar in der Personalpolitik. Aber grundsätzliche Fehler merkt man in so einem Riesenunternehmen wie der Deutschen Telekom erst spät. Das ist ja das Problem. UMTS …

… die Frequenzbereiche, die die Telekom im Jahr 2000 für 8,45 Milliarden Euro von der Bundesregierung ersteigerte …

… war das ein Fehler? Die Auktion fiel noch in die Amtszeit von

Ron Sommer. Er musste sich in der *Tagesschau* rechtfertigen. Ich war damals für Mobilfunk verantwortlich, also mittendrin. Wir haben uns die Haare gerauft. Wir haben diskutiert. Tagelang. Aber was hätten wir machen sollen?

Wenn Sie aus der Auktion ausgestiegen wären, hätte man die Telekom als Technologiekonzern abgeschrieben.

Erschossen hätte man uns. Wir haben uns zeitweise überlegt, was passiert, wenn wir jetzt aussteigen. Was sendet das für ein Signal an alle anderen? Die Frequenzen waren natürlich völlig überteuert. Aber um 40 Millionen Mobilfunkteilnehmer zu bedienen, geht es nicht ohne. Das war schon eine unglaubliche Zeit. Was haben wir da für Riesenentscheidungen treffen müssen.

Hatten Sie da auch mal Angst?

Nie.

Der Anführer darf keine Angst haben?

Weiß ich nicht. Ich würde von mir behaupten, dass ich ein sehr angstfreier Mensch bin. Das hängt sicher auch mit meinen Eltern zusammen, die mir immer einen starken Rückhalt gaben. Ich hatte immer das Gefühl, ich brauche vor nichts Angst zu haben.

Nie mal Angst vor einer wichtigen Rede gehabt, Lampenfieber davor, frei zu sprechen?

Frei zu reden hat mir früher nie etwas ausgemacht, aber das wird einem als Vorstandschef ausgetrieben. Vielleicht habe ich mich auch zu sehr in das Korsett drücken lassen. Wenn die Quartalsberichterstattung ansteht, mailt man tagelang mit der Abteilung Investor Relations Texte hin und her. Der Stoff ist so wahnsinnig juristisch.

Ihre Scheu vor der Öffentlichkeit wurde Ihnen also eingepflanzt.

Ich sah jeden Pressetermin als lästige Pflicht, aber scheu war ich nie, anfangs sogar unbekümmert. Ich erinnere mich noch an die Pressekonferenz, auf der ich inthronisiert wurde. Mehr als 50 Fotografen, der ganze Saal voll, was mich erstaunte. Zum Schluss meiner Rede sagte ich: Und nur damit ihr es wisst, ich bin ich! Das war im Sinne gemeint von: So, jetzt lasst mich mal machen.

Eigentlich eine charmante Aussage …

… eine Aussage, die man nicht macht, wenn man zu viele Berater hat.

Hatten Sie Berater?

Es gab mal einen für den Umgang mit der Politik, die Kommunikation. Oft habe ich Berater auch abgelehnt. Man hat bei Beratern ja immer das Problem: Am Ende muss man es doch selber machen.

Haben Sie sich mit Ihrer Frau besprochen?

Wir haben sehr viel gesprochen, weniger über die Telekom. Da hat man dann keine Lust mehr zu.

Ist es nicht immer lohnend, sich bei wichtigen Entscheidungen zu besprechen?

Absolut. Das habe ich auch gemacht, meistens mit meinen Vorstandskollegen. Das nennt man dann kooperativen Führungsstil. Und dann war da noch mein Vater …

… er war Anfang der 1990er Jahre ebenfalls Chef der Telekom. Sie riefen ihn oft an?

Wir mailten viel, doch meistens ging es um Grundsätzliches. Er hat mich zum Beispiel vor einigen Dingen gewarnt, als ich mir überlegte, den Vorstandsvorsitz zu übernehmen. Nach dem Motto: Bist du dir darüber bewusst, dass …? Aber man muss seine Erfahrungen selbst machen. Ich war neugierig. Ich habe die Schwierigkeiten auf mich genommen und erst hinterher verstanden, was mein Vater meinte. Aber noch einmal: Aus meinem Innersten heraus will ich die Phase nicht missen. Wenn ich sie nicht gehabt hätte, würde ich sie wollen.

Wovor hat Ihr Vater Sie gewarnt?

Vor dem Interesse der Öffentlichkeit an der Nummer eins. Das heißt dann auch, dass meine Kinder auf dem Schulweg von der Konzernsicherheit observiert wurden, bis sie es merkten, und sich der Große dann in die Büsche schlug und nicht mehr gesehen ward.

Außerdem warnte mich mein Vater vor einigen Charaktereigenschaften: zum Beispiel vor meiner Großzügigkeit. Menschen brauchen Strenge, eine gewisse Härte. Aber man kann auch in Liebe streng sein. Streng sein muss man lernen, wenn man es nicht in den Genen hat.

Ist Ihr Vater streng?

Nein, wir sind uns sehr ähnlich. Doch welcher Führungsstil richtig ist, hängt auch von der Unternehmensphase ab. Zu seiner Zeit hat es genauso einen Typen wie ihn gebraucht, der die Telekom aus der Politik rausholt, und zwar mit einer gnadenlosen Geduld. Dann kam die Phase des Börsengangs und der Expansion: Geld reinholen. Da war einer, der die Öffentlichkeit genießt wie Ron Sommer, der Richtige. Als ich anfing, war gerade die Internetblase geplatzt. Kommunikationsunternehmen wie die France Télécom bekamen damals Geld vom Staat. Wir nicht. Ohne aus dem Nähkästchen zu plaudern, in den ersten Monaten haben wir oft spätabends da gesessen und überlegt: Was machen wir denn jetzt? Hinterher habe ich mir anhören müssen: Wie konntest du das Handy-Geschäft in Russland verkaufen, es war doch ein schnell wachsender Markt?

Sie mussten Konzernteile losschlagen, um Geld reinzuholen.

Ja. Wenn man 24 Milliarden Verlust schreibt und die Finanzmärkte dicht machen, wird es eng.

Fühlten Sie sich von Ihrem Job manchmal überfordert?

Nie. Als mich mein damaliger Aufsichtsratschef Zumwinkel zum Rücktritt aufforderte, kam das für mich ja überraschend.

Als Auslöser galt eine Gewinnwarnung fürs aktuelle Geschäftsjahr...

... Sie können das jetzt als Beschönigung meinerseits ansehen, aber mein Empfinden ist, dass ich nach der Gewinnwarnung gemeinsam mit René Obermann und Karl-Gerhard Eick, dem damaligen Finanzchef, einen Plan entwickelt habe, der von meinen Nachfolgern eins zu eins umgesetzt wurde.

Die Gewinnwarnung kam angeblich zu spät …

… zu spät? Man könnte auch sagen, sie kam zu früh. Sie lag genau zu dem Zeitpunkt auf meinem Tisch, als meine Vertragsverlängerung anstand. Komisch.

Glauben Sie, dass ein Rivale damit in der Öffentlichkeit die Stimmung gegen Sie drehen wollte?

Lassen wir das. Was halten wir uns damit auf? Es spielt keine Rolle mehr.

Hing Ihnen der Rausschmiss lange nach?

Nein. Ich war in den Wochen danach viel in den Bergen wandern, ich strengte mich körperlich an – mit beiden Füßen auf der Erde. Dort habe ich die Belastungen der Jahre zuvor rausgeschwitzt. Ich war alleine in Südamerika, ohne Familie, zum ersten Mal in meinem Leben. Ich war mit meiner Frau im Himalaya wandern und habe mich viel mit Meditationstechniken befasst. Damit hatte ich schon während meiner Zeit bei der Telekom begonnen.

Sie meditierten als Vorstandschef?

Ja, morgens eine halbe Stunde. Nicht jeden Morgen, die Disziplin hatte ich nicht.

Hat es geholfen?

Absolut. Ich weiß nicht, ob ich die Kraft gehabt hätte, den ganzen Druck durchzustehen, wenn ich mich nicht mit diesen Techniken auseinandergesetzt hätte.

Kann man denn Meditation lernen, wenn man so unter Druck steht?

Nur dann. Dann bringt man die Disziplin auf. Ich merkte, dass es mir gut tat. Es ist meine feste Überzeugung, dass man sich im Leben nur über Extremsituationen weiterentwickelt, schneller weiterentwickelt.

Was haben Sie in den vier Jahren an der Spitze der Telekom über Menschen gelernt?

Dass man immer misstrauisch sein muss. Ich habe nur sehr wenige

Freunde. Wem können Sie sonst noch vertrauen? Bis zum Letzten? Wer wirft sich in die Kugel? Wer sagt die Wahrheit, auch wenn es ihm selbst möglicherweise schadet?

Haben Sie vielleicht unterschätzt, dass in so einer Unternehmensspitze jeder seine Interessen hat?

Je höher man steigt, um so misstrauischer muss man sein, weil jeder, der um die Ecke kommt, im Zweifel etwas will.

In Deutschlands Konzernen scheint generell eine Kultur des Misstrauens zu herrschen. Bei Lidl, bei der Bahn wurden Mitarbeiter ausgespäht. In Ihrer Amtszeit auch bei der Telekom.

Aber in meinem Fall geschah das nicht aus Paranoia, sondern um dem Insider-Gesetz zu genügen. Es waren über eine lange Zeit vertrauliche Informationen aus dem Aufsichtsrat an die Presse gelangt. Das ist Geheimnisverrat und strafbar. Also gab ich dem Chef der Konzernsicherheit den Auftrag, Vorschläge zu entwickeln, wie man die ständigen Indiskretionen verhindern und die undichte Stelle finden könne. Mit dem Aufsichtsratsvorsitzenden war das abgesprochen, auch den zuständigen Personalvorstand hatte ich einbezogen. Wir haben sehr lange damit gewartet, wir haben im Aufsichtsrat darüber gesprochen. Wir hatten sogar einen Rechtsanwalt da, der dem Aufsichtsrat über eine halbe Stunde erklärt hat, was es bedeutet, wenn ein Aufsichtsrat Geheimnisse an die Medien weitergibt. Als Verantwortlicher musste ich etwas tun. Sonst kommt irgendwann die SEC …

… die amerikanische Börsenaufsicht, die auch über die Siemens-Korruptionsaffäre wachte …

… und sagt: Was macht ihr da eigentlich?

War Ihnen bewusst, dass das ein heikles Thema war?

Logisch. Deswegen habe ich den Auftrag an den Chef der Konzernsicherheit auch unter Zeugen gegeben. Als ich eben von Misstrauen sprach, meinte ich allerdings nicht den Verrat von Geschäftsgeheimnissen, sondern viel profanere Dinge. Dass man bei jedem, mit dem man zu tun hat, irgendeinen Hintergedanken vermuten muss. Man kriegt ja von überall her E-Mails, wird dauernd von irgendwem benutzt. Da fängt man an, sich abzuschotten. Dann wird es potentiell einsam.

Können Sie sich erklären, wie es manche Vorstandsvorsitzende trotz allem lange an der Spitze aushalten?

Die machen die Position zu ihrem Leben. Das ist der einzige Weg: die totale Identifikation.

Ron Sommer schien so einer zu sein. Er war die Telekom.

Mister Telekom. Was nicht gut ist. Wenn man dann nicht mehr Mr. Telekom ist, wer ist man dann? Und deswegen sage ich Ihnen: Nicht jede Aufgabe ist eine wirkliche Lebensaufgabe, und darum geht es: die Lebensaufgabe zu finden. Und wenn man irgendwann feststellt, die Aufgabe ist es nicht, muss man sehen, dass man da wieder rauskommt. Vielen gelingt das nicht. Mir fällt auf die Schnelle nur mein Vater ein, der von sich aus den Absprung geschafft hat. Den hatte ich vorher nur als Workaholic erlebt. Mit Realschulabschluss hat er eine Karriere hingelegt, die ihn an die Spitze der Telekom führte. Mit 58 Jahren – da wusste keiner, wie das gehen soll, dass der mal in Rente geht – kam er nach Hause und sagte: Ich höre da morgen auf! Und seitdem segelt der auf seinem Boot durchs Mittelmeer. Er hat sich total verändert und ist wieder er selbst.

Dachten Sie mal daran alles hinzuwerfen?

Nein, ich war fixiert darauf, mein Bestes zu geben. Um so eigenartiger war dann das Gefühl, nachdem alles vorbei war: Was hast du da eigentlich gemacht? Ich spürte ein nie gekanntes Gefühl der Freiheit. Bei mir war ja beruflich immer eins ins andere übergegangen: Studium, danach gleich ein super Jobangebot als Vorstandsassistent bei Bertelsmann, dann habe ich ein Telekommunikationsunternehmen aufgebaut, dann acht Jahre Telekom …

Sie wollten unbedingt an die Spitze.

Ja, weil ich gedacht habe, da bist du frei. Man ist aber nicht frei. Ich war in meinem Leben noch nie so unfrei wie in den letzten Jahren bei der Telekom.

Haben Sie Freiheit mit Macht verwechselt?

Das ist es. Freiheit heißt, unabhängig zu sein. Wenn man das geschafft hat, geht es einem gut.

Hartmut Mehdorn
»Glauben Sie, dass ein Weichei ein so großes Unternehmen wie die Bahn führen kann?«

Der Capital Club im Berliner Hilton. Ein goldener Klingelknopf, der Mitgliedern Einlass verschafft. Der Fahrstuhl bringt einen hoch über den Gendarmenmarkt. Große Fensterfronten, davor der Deutsche Dom. Refugium für die Wirtschaftselite, eine Männerwelt. Gute Weine und Zigarren. An einer Wand eine Vitrine mit Handtaschen, zu kaufen als Geschenk für die vernachlässigten Frauen.
Da kommt er schon, der kleine große Mann. Nur knapp über 1,70 Meter, muskelbepackt. Zehn Jahre lang hat Hartmut Mehdorn, 67, sich als Bahnchef durch die deutsche Politik und Öffentlichkeit gerempelt: Streit mit den Lokführern, mit Meinhard von Gerkan, dem Architekten des Hauptbahnhofs, und Wolfgang Tiefensee, dem Verkehrsminister. Dabei hat er die Bahn saniert. Auf der Pressekonferenz, auf der er im Frühjahr 2,5 Milliarden Euro Gewinn verkündete – es war das beste Geschäftsjahr in der Geschichte der Bahn –, trat er zurück. Anlass war der Datenskandal bei der Bahn, bei dem allerdings bislang keine aktive Mitarbeit des Vorstandes auszumachen sei, wie sowohl der Aufsichtsrat als auch die mit der Überprüfung beauftragten Wirtschaftsprüfer von Price Waterhouse Cooper sagen.
Hartmut Mehdorn setzt sich in einen Ledersessel und klemmt sich zwischen kurze, klobige Finger eine Zigarette. Die Stimme dünn. Im Gespräch ist er überraschend umgänglich. Der größte Rabauke unter Deutschlands Managern entfaltet einen seltsamen Charme. Er antwortet offen und lächelt viel, mit kraus gezogener Nase, ganz ähnlich wie sein ehemaliger Personalvorstand Margret Suckale, und man fragt sich, wer sich die Mimik vom anderen wohl abgeschaut hat.

Sie sind einer der bekanntesten deutschen Manager. 423 000 Namenseinträge bei Google, 128 Mal auf dem Titelblatt der Bild-Zeitung …

… das öffentliche Bild von mir besteht zu großen Teilen aus Etiketten, die mir angeklebt wurden. Das bin nicht ich.

Sie sind in Wahrheit sensibel?

Ja.

Wie drückt sich das aus?

Ich denke über die Dinge mehr nach, als es nach außen den Anschein hatte. Und wenn ich so wirkte, als ob mich die Kritik nicht berührt hätte, dann ist das auch falsch. Ich zeige das nicht. Es wird mich nie einer dazu kriegen, dass ich ein bedrücktes Gesicht nach außen trage. Das freut nur die Falschen.

Macht es einen nicht sympathisch, wenn man auch mal Schwäche zeigt?

Sagen wir es anders herum: Glauben Sie, dass ein Weichei ein so großes Unternehmen wie die Bahn führen kann? Was meinen Sie denn, was da für einer sitzen muss? Ein Zögerer? Einer, der schreckhaft und zartbesaitet ist? Unmöglich. Schwäche können Sie zu Hause bei Ihrer Frau zeigen. Dort können Sie, wenn Sie wollen, auch heulen oder jammern. Aber nicht draußen. Das habe ich nie gemacht. Rate ich auch keinem.

Bill Clinton, Barack Obama geben sich weich.

Ich glaube, das sind härtere Hunde, als sie glauben machen wollen.

Und bei Ihnen ist es genau umgekehrt.

Nein, ich bin schon eher robust, was aber nicht heißt, dass ich nicht auch gerne anerkannt sein möchte für das, was ich gemacht habe. Jeder möchte doch geschätzt sein. Das ist ein normaler Grundinstinkt, den jeder hat. Und man ist natürlich ein bisschen enttäuscht, wenn das nicht geschieht. Das heißt jetzt nicht, dass ich nach Lob heische. Aber in jedem anderen Land würde einer wie ich ein Bundesverdienstkreuz kriegen.

Das Bundesverdienstkreuz haben Sie doch schon.

Ja, aber für mein Engagement bei Airbus, nicht bei der Bahn.

Das Bundesverdienstkreuz bekommt man nur einmal in Leben, oder?

Ich meine das im übertragenen Sinn. Die Bahn, wie ich sie im Frühjahr an meinen Nachfolger Rüdiger Grube übergeben habe, ist ein sehr erfolgreiches Unternehmen. Es ist mit Abstand die pünktlichste, sauberste, schnellste Bahn mit dem besten Angebot der Welt. Noch nie sind in Deutschland so viele Menschen mit der

Bahn gefahren wie heute. Die Bahn transportiert jeden Tag fünfeinhalb Millionen Menschen und eine Million Tonnen Fracht.

Sie sagten mal: Weil man als Bahnchef so viel aushalten muss, seien die kleinen Dicken dazu besser geeignet.

Das sollte ein Witz sein, aber ja, so ein dünner, nervöser Krischpel wird dünnhäutiger sein als einer, der ein bisschen Sprungmasse hat wie ich: 85 Kilogramm bei 1,74 Meter. Ich glaube, das hilft.

In einem anderen Interview haben Sie über Ihre Hände gesprochen. Dass das kräftige Hände seien: Hände zum Arbeiten.

Ja, ich habe große Maurerhände. Schwer, breit.

Aber warum braucht man denn als Bahnchef Hände zum Arbeiten? Ist Management nicht vor allem Kopfarbeit?

Ja schon, aber irgendwie gehören für mich Kopf und Hände zusammen, und ich arbeite auch gerne mit meinen Händen. Ich brauche keinen Handwerker zu Hause, ich mache das selbst.

Glauben Sie, dass die Physiognomie den Charakter prägt? Sind Sie so, wie Sie sind, weil Sie aussehen, wie Sie aussehen?

Ich weiß nicht, wie Sie oder andere mich sehen: Ich sehe mich zwar jeden Tag beim Rasieren, aber ich kann mein Aussehen nicht richtig einschätzen.

Sie wirkten wie jemand, der mit wütender Lust oder lustvoller Wut zu Werke geht.

Nein, auf keinen Fall. Warum sollte ich wütend gewesen sein? Ich vertrat meine Ziele, die jeder kannte, bloß mit großer Konsequenz. Meine Aufgabe bei der Bahn, aber auch zuvor bei Heidelberger Druck und beim Airbusprogramm, war es, ein Unternehmen erfolgreich zu entwickeln beziehungsweise zu positionieren. In meinen Arbeitsbedingungen stand nie, dass ich zu allen sehr freundlich sein muss oder dass ich der beliebteste Manager aller Zeiten sein muss oder dass ich gar ein Medienstar sein muss. Wenn das dort gestanden hätte, hätte ich gesagt: Bitte, sucht euch einen anderen. Zum Industrieschauspieler wäre ich nicht geeignet.

Was war für Sie das Schwierigste an der Spitze der Bahn? Die Öffentlichkeit?

Ja, damit habe ich nicht gerechnet, das war heftig. Aber das Schwierigste an der Position eines Vorstandsvorsitzenden ist, dass man ziemlich einsam ist. Vielleicht habe ich noch nicht genug Abstand, um das richtig beschreiben zu können. Aber nicht nur bei der Bahn, eigentlich überall, auch bei Heidelberger Druck, wo ich vorher war, müssen Sie als Vorstandschef alle Entscheidungen am Ende alleine treffen. Jeder, der zu Ihnen kommt, will etwas von Ihnen. Jeder will eine Entscheidung, die ihm hilft. Sie müssen aber die Entscheidungen ganzheitlich treffen, sodass sie für das ganze Unternehmen richtig sind. Das heißt, dass Sie sehr viel öfter »Nein« sagen müssen, als Sie das selber wollen. Und damit machen Sie sich keine Freunde. Ein Unternehmen muss man sich wie ein Tischtuch vorstellen: Gewerkschaften, Betriebsräte, Führungskräfte, Länderregierungen, Parteien, Mitarbeiter, egal wer – alle versuchen dieses Tischtuch in ihre Richtung zu ziehen. Und wenn einer zu sehr zieht, fällt irgendwas runter. Das müssen Sie als Vorstandschef verhindern, denn dann haben sie Scherben, und die Scherben sind Ihre Scherben …

… als Vorstandsvorsitzender ist man für alles verantwortlich …

… das ist der Preis dafür, die Nummer eins zu sein. Es gibt nicht sehr viele Alphatiere, die das vertragen können.

Sehen Sie sich als Alphatier?

Nicht im klassischen Sinn. Aber ich glaube schon, dass ich gewisse Talente habe, die zu den Voraussetzungen gehören, um eine große Organisation zu führen.

Welche denn?

Die zentrale Fähigkeit eines Vorstandschefs ist es: Themen aufzunehmen, zu verstehen, zu sortieren, Prioritäten zu setzen, möglichst alle zur richtigen Zeit umfassend zu informieren, den Aufsichtsrat, die Führungskräfte, Betriebsräte und natürlich auch die Politik, da ist naturgemäß viel Raum für Fehler. Und eine griffige Strategie daraus zu machen. Diese darf aber nicht dick sein wie das Telefonbuch. Dann können Sie sie gleich vergessen. Sie muss knapp, eindeutig und lesbar sein. Sie sind am Ende darauf angewiesen, dass alle wissen, wo es lang geht, wo vorne ist und wo die Ziele sind.

Wer ist ein klassisches Alphatier: Gerhard Schröder?

Ich glaube schon, Kanzler zu sein, ist hochkomplex, ohne besondere Talente kommt man dort nicht hin.

Wie haben Sie sich kennengelernt?

Wir haben uns das erste Mal Anfang der 1990er Jahre getroffen. Schröder war neuer Ministerpräsident in Niedersachsen, und ich war bei der DASA zuständig für Airbus und damit die Produktionswerke. Ich musste in einer Betriebsversammlung im Werk Lemwerder verkünden, dass dieses Werk geschlossen werden sollte. Da ging es natürlich emotional ziemlich zur Sache. Als die Betriebsversammlung abends zu Ende war, bin ich in Richtung Werkstor gelaufen. Da fuhr der Schröder vorbei. Sein Auto hielt an, die Scheibe ging runter, und er sagte: »Na, haste ja ganz schön Haue gekriegt!« Ich sagte: »Ja, alles Mist!« Da sagte er: »Komm, steig' ein. Wir trinken zusammen ein Bier!« Auf dem Weg nach Hannover haben wir in einem Landgasthof lange diskutiert und ein paar Bierchen getrunken. So ist der Schröder.

Der gefällt Ihnen.

Ja. Er ist sehr menschlich und auch zuverlässig.

Haben Sie heute noch Kontakt?

Wir sind, sag ich mal, Freunde. Nicht, dass man sich da freitags zum Skat trifft oder so. Das haben wir nie gemacht. Aber wir haben uns immer ab und zu gesehen.

Es war Schröder, der Ihnen den Vorstandsvorsitz der Bahn angetragen hat.

Ja, er rief bei Heidelberger Druck an, wo ich damals noch Chef war, und sagte: »He, wir brauchen einen Bahnchef, du musst das jetzt machen.«

Er fragte erst gar nicht.

Nein, er hat nicht gefragt. Na ja, sagte ich, da muss ich wenigstens mit meiner Frau reden. Er wollte eine schnelle Antwort bis zum nächsten Mittag haben. Am Abend habe ich dann noch ins Internet geguckt zum Thema Bahn: Länge, Breite, Höhe. Alles über Ludewig. Alles über Dürr …

… ihre Vorgänger …

… im Internet findet man alles.

Nachdem Sie Bahnchef geworden waren, sagten Sie: Sie seien »happy«, mal etwas fürs Vaterland tun zu können.

Ich meinte damit kein hehres vaterländisches Gefühl. So mit Weihrauch, tief beeindruckt. Aber ein bisschen vaterländisch ist der Posten des Bahnchefs ja schon.

Sie haben die Bahn sozusagen »entvaterländischt« und Eisenbahngesellschaften und Logistikunternehmen in der ganzen Welt zugekauft.

Eine rein deutsche Bahn, die an den deutschen Grenzen endet, lässt sich nicht mehr wirtschaftlich führen. Europa hat sich geöffnet, unser Markt hat sich verändert, und es war notwendig, sich diesem neuen großen Markt schnell anzupassen. Wir bieten für unsere Kunden auch Dienstleistungen außerhalb Europas an. Heute arbeitet jeder fünfte Mitarbeiter im Ausland. Wir sind ein internationales Unternehmen geworden. Es war im Rahmen der Bahnreform mein ausdrücklicher Auftrag, auch Herr Müntefering, der damals noch Verkehrsminister war, hat das so gesehen, aus der Bahn eine Aktiengesellschaft zu machen, die sich selbst trägt. Er sagte: Wir können uns das so nicht mehr leisten.

Heidelberger Druck hatte 15 000 Mitarbeiter. Die Bahn war, als Sie sie übernahmen, mit 320 000 Mitarbeitern zwanzig Mal so groß. Wie fanden Sie sich zurecht?

Das war für mich nicht so schwer, denn die Bahn war damals zwar sehr groß, aber in ihrer Produktion nicht sehr tief. Bei der Bahn machen sehr viele Menschen die gleiche Arbeit. Ein Zug, der von Hamburg nach München fährt, bekommt auf der Strecke ungefähr 7000 Steuerbefehle: Schranke hoch – Schranke runter. Geschwindigkeit hoch – Geschwindigkeit runter. Anhalten. Warten auf den nächsten Zug. Weiterfahren. Gleis wechseln. Das System der Bahn funktioniert in der Fläche paramilitärisch. Jeder verlässt sich auf seinen Nebenmann. Alles ist durch Dienstvorschriften genau geregelt, sodass die Organisation stabil arbeitet, ohne dass ein direkter Führungseinfluß notwendig ist.

Was meinen Sie mit paramilitärisch?

Es gibt viele, die das Gleiche tun. Wie beim Militär. Ein Fahrdienstleiter in Hamburg macht das Gleiche wie in Hannover, in Kassel, in Würzburg und in München. Die kennen sich nicht, aber sie tun alle das Gleiche und wissen es. Sie haben die gleichen Vorschriften und Befehle.

Sie waren selbst beim Militär, als Hauptmann.

Ja. Ich war ein Quereinsteiger. Ich wurde als Technischer Offizier eingestellt, da war ich knapp 30 Jahre alt und als Betriebsingenieur in der Montage des Transportflugzeugs Transall tätig. Als die ersten Flugzeuge ausgeliefert wurden, gab es die typischen Anlaufprobleme in der Truppe, und so hat die Bundeswehr Ingenieure aus der Industrie angefordert, um sie zu beheben. Die Bundeswehr wollte aber keine Zivilisten rumlaufen haben, deshalb mussten wir vier Wochen auf die Offiziersschule. Marschieren, Grüßen und eben den militärischen Umgang lernen. Am Ende wurden wir mit einem Dienstrang in die Truppe geschickt.

Waren Sie gerne Soldat?

Ja. Aber um es klarzustellen: Ich bin gegen Krieg. Mehr als Sie wahrscheinlich glauben. Weil ich mich noch gut an die Folgen des letzten Krieges erinnern kann. Dennoch finde ich es grundsätzlich wichtig, dass wir eine Armee haben. Ich glaube, dass die Menschen so gepolt sind, dass sie auf denjenigen einprügeln, der sich nicht wehren kann.

Haben Sie etwas von Ihrer Bundeswehrzeit mit in die Wirtschaft genommen?

Dass ich Disziplin für wichtig halte, hat auch mit dem Militär zu tun, aber nicht nur. Ich verliere nicht gerne Zeit. Leute, die zum Schwatzen ins Büro kommen – na gut, die kommen bei mir nicht so oft wieder.

Sie waren ein strenger Chef?

Ich bin immer gut mit meinen Mitarbeitern ausgekommen. Streng war ich vor allem mit mir selbst. Ich bin mein Leben lang immer morgens früh im Büro gewesen, eigentlich immer als Erster. In so einer Funktion muss man Vorbild sein. Ich hatte immer saubere Fingernägel und eine ordentliche Krawatte umgebunden. Und ich habe auch auf manches verzichtet, was ich gerne gemacht hätte.

Auf was denn?

Mal in die Kneipe gehen und mit Kumpels Skat spielen, zum Beispiel.

Das sähe als Bahnchef schlecht aus?

Sie können als Bahnchef nicht einfach mal so in ein Restaurant gehen, da kommt dann sofort einer mit dem Gästebuch oder mit einem Fahrschein, der ein Autogramm haben will. Ich hatte aber auch gar nicht die Zeit. Die Bahn ist mehr als ein Ganztagsjob. Man muss viel unterwegs sein in ganz Deutschland, und das kostet Zeit, oft bis spät in die Nacht. Wenn ich in Berlin war, bin ich spätabends oft allein zu Fuß nach Hause.

Um runterzukommen?

Ja, und manchmal ist auch meine Frau gekommen und hat mich abgeholt, und wir sind zusammen gelaufen. Wir gehen gerne spazieren.

Treiben Sie Sport, zum Ausgleich?

Nicht so viel, sonntags gehe ich manchmal zum Golfen. Ich bin zwar ein lausiger Golfer. Ich werde das auch nicht mehr lernen, aber meine Frau spielt besser. Da kann ich einfach hinterherlaufen. Und als junger Mann habe ich mal gerudert.

Haben Sie irgendetwas gewonnen?

Ich war mal Landesmeister im leichten Jungmannzweier. Das war nicht allzu schwer. Es gab nur drei Boote in dieser Klasse in Berlin.

Wo sind Sie aufgewachsen?

In Berlin-Charlottenburg. Kaiserdamm, mitten in der Stadt.

Bürgerliches Milieu?

Ja, was nicht viel bedeutete in der Nachkriegszeit. Damals war eben alles noch ziemlich durcheinander. Ich kann mich gut daran erinnern, dass wir manchmal nicht genug zu essen hatten.

Erlebten Sie Ihre Kindheit als entbehrungsreich?

Nein, im Gegenteil, uns hat es an nichts gefehlt. Ich gehöre zur glücklichsten Generation, die es in Deutschland je gab. Als ich anfing, die Welt bewusst wahrzunehmen, gab es nichts. Danach wurde es von Jahr zu Jahr besser, und das bis heute. Mein Vater hatte eine kleine Fabrik für Kunststoffspritzteile gegründet. So konnte ich schon in der Jugend die Pflichten eines selbstständigen Unternehmers in der Familie erleben. Es war sicher nicht einfach. Bei mir persönlich wurde es beruflich auch immer besser. Meine Kinder haben es da nicht so gut, sie sind in einen ganz anderen Lebensstandard hineingeboren, der schwer zu steigern ist, im Gegenteil.

In einem Porträt über Sie heißt es, Sie hätten die Schwächeren in der Klasse immer verteidigt und dafür Prügel einstecken müssen.

Nicht Prügel, aber ich habe eigentlich immer einen sehr ausgeprägten Gerechtigkeitssinn gehabt. Habe ich heute noch.

Waren Sie mal Klassensprecher?

Ja. Eigentlich während der ganzen Schulzeit.

Wie viele Kinder waren Sie zu Hause?

Vier. Ich habe zwei Brüder und eine Schwester.

War es ein strenges Elternhaus?

Nein.

Aber diszipliniert.

Das war es. Wer nicht pünktlich zum Essen da war, hat nichts mehr gekriegt.

Von der Generation her könnten Sie auch ein 68er sein.

Nicht ganz. 1968 war ich schon verheiratet, hatte ein Kind. Ich musste damals arbeiten und konnte nicht mehr rumfackeln. Rudi Dutschke hat mich damals auch eher abgestoßen.

Sie sind das, was man als einen Konservativen bezeichnet.

Schon.

Was verstehen Sie darunter?

Konservativ zu sein bedeutet für mich, dass man Werte bewahrt. Dass man sich in sein Umfeld ordentlich einbringt. Dass man auch arbeitet, hilft, teilt, andere unterstützt. Ich würde nie auf die Idee kommen, Steuern zu prellen, weil ich der Auffassung bin, es ist wichtig, dass jeder seine Steuern zahlt, weil sonst das System nicht funktionieren kann.

Ihr Vorbild, liest man, ist Napoleon.

Das hat die Presse so aufgebauscht. Ich lese gerne. Und es gibt wirklich gute Biografien über Napoleon. Ich las gerade eine, als ich für einen Fragebogen nach meinem Lieblingsbuch gefragt wurde, und seitdem verfolgt mich ein angeblicher Napoleon-Fetischismus. Natürlich war Napoleon ein irrer Typ: Er hat ein Gesundheitswesen geschaffen. Er hat den *Code Civil*, das französische Recht, geschrieben, das heute noch gilt.

Sie haben sogar mal gesagt, Napoleon wäre auch ein guter Bahnchef gewesen.

Ja, weil er auch konsequent die Sachen mit Kraft durchgesetzt und große Projekte gemacht hat. Wenn der Kerl bloß nicht so viele Kriege geführt hätte, wäre er ein großer Mann gewesen.

Gilt das auch für Sie?

Wie meinen Sie das?

Haben Sie nicht vielleicht auch zu viele Kriege geführt?

Welche Kriege denn, um Gottes willen? Ich habe meine Arbeit gemacht, und das konsequent.

Gegen Meinhard von Gerkan, den Architekten des Hauptbahnhofs, gegen Manfred Schell, den Chef der Lokführergewerkschaft …

Herr Gerkan zum Beispiel wollte nicht akzeptieren, dass der Berliner Hauptbahnhof Budget- und Terminzwänge hatte und damit seine architektonische Freiheit eingeschränkt werden könnte. Und bei dem Lokführerstreik war unser damaliger Personalvorstand Margret Suckale zuständig. Sie hat mit Herrn Schell verhandelt, nicht ich. Der Konflikt mit Schell war ein reines Pressegimmick, das Schlagzeilen produziert hat. Ich hatte und habe mit dem Herrn Schell eine normale Gesprächebene.

Worauf wir hinauswollen: Ihre Ära bei der Bahn war geprägt von Konflikten.

Das akzeptiere ich, ja, Konflikte sind an und für sich nichts Verkehrtes. Konflikte legen Probleme offen, die geregelt werden müssen.

Beim Romanschreiben gilt die Regel: Man braucht Konflikte, um die Geschichte voranzutreiben ...

... genau dasselbe gilt auch fürs Management. Ich habe immer gesagt, da bleibe ich auch dabei: Nur keinen Streit vermeiden, es wäre schade drum. Wenn Sie etwas verändern, etwas durchsetzen wollen, müssen Sie eine Krise heraufbeschwören. Wenn alle entspannt dasitzen, ändern Sie nichts. Da können Sie noch hundertmal im Recht sein. Das, was Sie fordern, kann hundertmal notwendig sein. Sie müssen sagen: »Leute, damit das jetzt klar ist, jetzt rummst es hier im Karton!« Sie merken gleich, wie die Leute von hinten auf ihren Stühlen nach vorne rücken. Auf einmal hören alle zu und arbeiten konstruktiv an neuen Lösungen.

Warum müssen Unternehmen immer unter Druck stehen? Warum ist Entspannung nicht möglich?

Menschen brauchen einen Ansporn. Als Unternehmenschef müssen Sie Ziele reinbringen, erreichbare Ziele. Stellen Sie sich das Bonbonhüpfen auf einem Kindergeburtstag vor. Wenn Sie das Bonbon in drei Meter Höhe aufhängen, kommt kein Kind mehr ran. Aber wenn Sie es so hoch aufhängen, dass die Kinder es gerade schaffen können, dann springt die ganze Kindermeute nach dem Bonbon.

So funktioniert auch eine Firma. Sie müssen die Ziele so formulieren, dass sie erreichbar sind, denn die Menschen in einem Unternehmen wollen Erfolg haben. Sie wollen Ihre Arbeit gut machen. Die wollen stolz sein auf das, was sie da tun und wie sie es tun. Wenn Sie denen bloß sagen: Macht mal so weiter wie immer! Worauf sollen die denn dann noch stolz sein? Sie haben doch alles wie immer gemacht.

Sie glauben grundsätzlich, dass alle Menschen Erfolg haben wollen?

Das ist so. Die Kleinen, die Großen, die Mittleren. Die Weißen, die Schwarzen, die Gelben. Und das kann und muss man nutzen.

Ihr Managementcredo formulierten Sie einmal so. »Der Wettbewerb liegt mir, man geht nach vorne, kämpft, gewinnt und kontert Angriffe. Oder man bleibt zurück und verliert. Dann kommen die anderen. Es herrscht am Markt das Gesetz der Gesunden und Starken, nur die überleben.«

So ist es. Genau so. Sehr verkürzt gesagt, aber richtig.

Das ist purer Darwinismus.

Möglich. Aber es stimmt. Sie dürfen nie die Kraft verlieren, sich ständig zu verändern. Sehen Sie doch nur, wie schnell sich durch die Globalisierung die Welt verändert, und das geht auch so weiter.

In der Sozialen Marktwirtschaft zählt neben dem Wettbewerb auch das Gemeinwohl. Dem ist ein Großkonzern wie die Bahn, der zu hundert Prozent dem Staat gehört, verpflichtet.

Ist sie eben nicht! Die Bahn ist eine aktienrechtlich geführte Gesellschaft. Das haben Bundestag und Bundesrat 1994 einstimmig beschlossen. In einem marktwirtschaftlich geführten Unternehmen wird eine Strecke nicht weiterbetrieben, wenn keiner mehr fährt. Dann fährt halt ein Bus. Was ist daran so schlimm? Und in einem marktwirtschaftlich geführten Unternehmen steigen eben in der Regel die Fahrkartenpreise, wenn die Preise für Energie steigen.

Dennoch ist die Bahn – anders als Auto und Flugzeug – so etwas wie

das Grundnahrungsmittel des Transports, das sich jeder leisten können muss.

Ja, kann sie ja auch bleiben. Soll sie ja auch bleiben. Doch das ist Sache der Politik: Wenn sie beim Bahnfahren für das Gemeinwohl sorgen will, dann soll sie das Gemeinwohl auch bezahlen. Aber das Gegenteil ist der Fall, sie benachteiligt die Bahn. Ein Flugzeug zahlt keine Mineralölsteuer. Mit Ihrem Eisenbahnticket von Berlin nach Frankfurt zahlen Sie 18 Euro mehr Steuern als für ein Flugticket. Das ist die Politik.

Das war Franz-Josef Strauß, der die Besteuerung von Flugbenzin aufhob.

Strauß ist 20 Jahre tot. Es ist die Politik. Ein anderes Beispiel: Im letzten Zug von München nach Garmisch sitzen abends im Jahresdurchschnitt neun Leute. Trotzdem ziehen wir einen 700 Tonnen schweren Zug den Berg hinauf. Da haben wir dem Verkehrsminister gesagt: »Der Zug rechnet sich nicht. Wir sollten ihn durch einen Bus ersetzen, so sparen wir ungefähr 20 Millionen Euro im Jahr.«

Fährt der Zug noch?

Ja. Und das Land bezahlt dafür. Für mich hat das nichts mit Gemeinwohl zu tun.

Sie halten nicht viel von der Politik.

So pauschal stimmt das natürlich nicht. Ich finde bloß, dass die Politik ständig die Grundregeln, die sie selber beschlossen hat, missachtet: Nämlich, dass sie die Bahn zu einer AG gemacht hat, die nach den Regeln der Wirtschaft arbeiten muss. Mein Aufsichtsrat hätte mich an die Wand genagelt, wenn wir gegen die Interessen des Unternehmens gehandelt hätten. Das schreibt das Aktienrecht so vor. Manche Politiker versprechen ihrem Landkreis einen neuen Bahnhof und sagen: Mehdorn muss das machen. Und wenn der Mehdorn das nicht macht, weil er dafür kein Geld hat, dann dreschen sie auf dem Mehdorn herum – Mehdorn ist hier das Synonym für die Bahn. Da braucht nur einer zu sagen: Mehdorn hat schon wieder nicht ...! Und dann ist die ganze Presse voll. Das ist die Mechanik.

Am Ende schien Bundesverkehrsminister Wolfgang Tiefensee Ihr Lieblingsgegner zu sein. Wie kam es zu dem Bruch?

Es gab nie einen Bruch.

Das glauben wir Ihnen nicht.

Ich habe zu allen Ministern im Kabinett Merkel einen guten Kontakt. Aber mit Herrn Tiefensee ist es doch so: Wenn es kein Verhältnis gibt, kann es auch nicht gestört sein.

War Ihnen vorher bewusst, dass der Posten des Bahnchefs ein semipolitischer Posten ist, dass die Politik die Bahn als verlängerten Arm des Staates begreift?

Semipolitisch, das schon. Doch es war ausdrücklich meine Aufgabe, die Bahn von der Politik abzunabeln und in ein privatwirtschaftliches Unternehmen zu verwandeln. Dazu mussten wir die Kultur innerhalb der Bahn verändern. Weg von der Staatsbahn. Als ich anfing, haben wir gesagt: »Der Kunde steht im Mittelpunkt.« Wir sind zu den Kunden gegangen und haben gefragt: »Was wollt ihr? Was braucht ihr? Was erwartet ihr?« Daraus haben wir dann unsere Strategie für den Änderungsprozess entwickelt.

Trotzdem haben Sie persönlich jedes Jahr 15 000 Beschwerdebriefe von Kunden bekommen. Hat das Ihre Sichtweise auf Deutschland verändert?

So viele waren es nicht. Ich hatte pro Jahr ingesamt ungefähr 15 000 Posteingänge und davon rund 1000 Beschwerdebriefe. Die Lobbriefe haben wir nicht gezählt. Was Deutschland angeht, glaube ich schon, dass wir in einer Wohlstandsgesellschaft leben, die zu Nörgeleien neigt. Weil meine Frau Französin ist, bin ich oft in Frankreich. Letztens sah ich dort im Fernsehen, dass ein Zug entgleist war. So was passiert. Die Feuerwehr kam mit ihrem neuen Kran, hob den Zug ins Gleis zurück. Das war ein ganz sachlicher Bericht. In Deutschland wäre das gleich ein Skandal gewesen.

In Deutschland dürfen keine Fehler passieren.

Ja, alles wird hochstilisiert und mit Vorliebe personalisiert. Der Bahnchef ist nur eines der Opfer.

Woran, glauben Sie, liegt das?

Weil es populär und wahnsinnig einfach ist, an der Bahn herumzukritisieren, ohne Verantwortung zu tragen oder sich selbst für Verbesserungen einzusetzen. Ein Teil des Problems sind die Mechanismen der Politik. Da wird ein Abgeordneter neu in den Bundestag gewählt. Seine Partei schickt ihn, warum auch immer, in den Verkehrsausschuss. In zwei Wochen mutiert er zum Verkehrsexperten. Der sitzt plötzlich in Berlin, weit weg von seinem Wahlkreis. Und wie kann er sich so profilieren, dass die Menschen in seinem Wahlkreis merken, wie toll er ist? Er kritisiert dauernd die Bahn: Die Bahnhöfe seien verkommen, die Züge verspätet …

Viele kleine Bahnhöfe sind tatsächlich verkommen.

Ja. Zugegeben, aber woran liegt das denn? Das lag nicht an mir und nicht an den Mitarbeitern der Bahn, sondern daran, dass nie genug Geld für die Bahnhofsanierung da war. Dafür wollten wir ja frisches Kapital aus dem Teilbörsengang gewinnen. In den 1950er und 1960er Jahren hat man nichts für die Bahn getan. Deutschland wurde zum Autoland, und das hat die Bahn in einen Rückstand gebracht, der nur langsam aufgeholt werden kann. Bund und Bahn haben in den letzten Jahren ungefähr 90 Milliarden Euro investiert, aber das reicht noch nicht. Die Bahn muß weiter um ihre Position in Deutschland kämpfen.

Hatten Sie den Eindruck, dass Sie dabei vielleicht auch übers Ziel hinausgeschossen sind?

Ja, mag sein.

Das tangiert Sie nicht?

Nein. Man muss seinen Standpunkt deutlich machen, wenn man in der Verkehrspolitik gehört werden will. Über Jahre ist es versäumt worden, die einzelnen Verkehrsmittel miteinander zu verzahnen. Wir müssen Luftfahrt, Bahn, Straße, Häfen und Kanäle besser miteinander verbinden. Wir brauchen im Transitland Deutschland ein funktionierendes Verkehrssystem. Dafür habe ich gerungen.

Sie sagen »gerungen«. Vielleicht hätten Sie mehr Gehör gefunden, wenn Sie nicht gerungen hätten, sondern charmiert.

Ich habe nicht jedem nach dem Mund geredet, ja, das ist richtig.

Welche Rolle spielt denn das Prinzip Charme in Ihrem Leben?

In meinem Alter hat man keinen Charme mehr. Charme haben junge Frauen oder junge Männer.

Es geht um eine gewisse Konzilianz. Haben Sie sich darüber mal Gedanken gemacht?

Nein. Warum? Wir sind im Geschäftsleben.

Damit es weniger Konflikte gibt. Damit Sie weniger Angriffsflächen bieten.

Konflikte sind ja nichts Verkehrtes. Sagte ich ja schon. Und zu den Angriffsflächen: Wenn einer die Pfeile auf sich zieht, können die anderen ungestört arbeiten. So ähnlich war das bei uns im Vorstand. Das gehört auch zur Rolle des Vorstandsvorsitzenden eines Unternehmens.

Haben Sie sich mal coachen lassen?

Das wollte man immer mit mir machen: Interviewcoaching. Da habe ich gesagt: Mache ich nicht! Weil ich kein Schauspieler sein will. Glauben Sie mir, es fällt einem auf die Füße, wenn man nur spielt.

Sie glauben an Authentizität.

Ich bin auch keiner, den man gut coachen kann. Ich kann sogar den Golflehrer nicht vertragen. Meine Frau kann stundenlang mit einem Golflehrer üben. Ich kann das nicht.

Sie wollen nicht machen, was Ihnen jemand anderes sagt?

Ich will das selber lernen. Das dauert länger, aber ich lerne es selbst.

Wie lernen Sie? Durch abkucken?

Ich beobachte. Ich höre zu. Ich rede viel mit Menschen. Ich lerne ständig. Es nutzt ja nichts, wenn Sie eine Theorie lernen. Wenn Sie alles nur wissen. Sie müssen es ja auch innerlich leben. Sie müssen dran glauben. Sie müssen so sein wie das, was Sie sagen. Da darf nicht außen was anderes draufstehen.

Die Zeit schrieb, als Sie aufhörten: »Mehdorn scheiterte an Mehdorn.«

Ich bin nicht gescheitert. Die Bahn war ein Sanierungsfall und ist jetzt ein weltweit erfolgreiches Unternehmen im nationalen und internationalen Mobilitätsmarkt, auch in der Krise.

Die Aussage der Zeit ist auch ein Kompliment. Letztendlich waren Sie so unanfechtbar, dass keiner Sie stürzen konnte außer Ihnen selbst.

Das ist reine Semantik. Ich glaube nicht, dass der zuständige Aufsichtsrat mich abgelöst hätte. Ich war zehn Jahre Bahnchef. Das reicht. Ich bin 67 Jahre alt. Irgendwann ist auch mal Schluss. Mit Herrn Grube habe ich einen guten Nachfolger gefunden.

Letztlich sind Sie an der Datenaffäre gescheitert.

Auch das stimmt so nicht. Der Aufsichtsrat hat den Vorstand davon freigesprochen, etwas davon gewusst oder veranlasst zu haben. Wir haben nie jemanden ausspioniert. Wir sind jahrelang gelobt worden, weil wir gegen Korruption gekämpft haben. Dass der Datenschutz plötzlich ein politisches Thema wurde und skandaliert werden sollte, hat mit dem, was bei der Bahn war, nichts zu tun. Sicher sind bei der Bahn auch Fehler gemacht worden. In einer großen Organisation können Sie Übereifer bei Einzelnen nicht ausschließen. Es wurde Korruption bekämpft und nicht Mitarbeiter ausspioniert. Das darf man nicht vergessen.

Hätten Sie sich da nicht einmal durchringen und sich einfach entschuldigen können?

Haben wir ja gemacht. Sogar schriftlich. Wir haben an die Belegschaft geschrieben, haben das auch veröffentlicht und gesagt, dass wir das bedauern.

Sie sind keiner, der gerne Fehler einräumt.

Ich sage ja gar nicht, dass ich überall der Geschickteste war. Das wäre auch vermessen. Ich sage auch nicht, dass ich immer alles richtig gemacht habe. Aber ich sage, dass das, was ich getan habe, immer getrieben war von dem Motiv, das Beste für die Bahn zu tun.

Ein bitteres Ende: Ihr Ziel, die Bahn an die Börse zu bringen, mussten Sie auch absagen.

Wenn die Finanzkrise sechs Wochen später gekommen wäre, wären wir durchgewesen. Das ist Pech.

Sie haben sich Jahre krumm gelegt, damit es so weit kommt. Endlich hätte mal alles gepasst.

Das war ein gemeinsames Ziel von allen: Politik, Gewerkschaften, Belegschaft und Aufsichtsrat, eigentlich von allen. Und auch das Unternehmen war endlich so weit. Das kann man auch so schnell nicht wiederholen. Es wird lange dauern, bis die Einzelteile wieder so zusammenpassen.

Wie geht es Ihnen jetzt? Hartmut Mehdorn im Garten sitzend ist schwer vorstellbar.

In der ersten Zeit läuft man im Kreis, gar keine Frage. Ich habe viel gelesen: Einen Haufen Bücher, die man immer so geschenkt bekommt und nie zu lesen schafft. Wie Frank Schätzings *Schwarm*. Ich habe ein bisschen geschrieben, bin viel mit dem Rad gefahren und habe auch sonst viele Dinge gemacht, für die ich bisher nicht die Zeit hatte.

Vermissen Sie die Bahn?

Ich bin jetzt raus, jetzt tragen andere die Verantwortung, und ich laufe denen nicht zwischen den Füßen herum. Wenn jemand meinen Rat will, stehe ich gerne zu Verfügung, ansonsten habe ich einige interessante Anfragen aus dem Ausland, die mich beschäftigen werden.

Wo steht jetzt Ihr roter Ledersessel?

Den habe ich dort gelassen, wo er hingehört, beim Bahnchef.

Der hat Sie doch schon seit Ihrer Zeit bei Heidelberger Druck begleitet.

Ja, der gehört auch eigentlich mir. Und wenn der Grube den nicht will, dann nehme ich ihn mit nach Hause, meinen Feuerstuhl.

Frank Appel
»Als Manager muss man akzeptieren, dass man den Menschen manchmal wehtut«

Post-Tower, Bonn, 40. Stock. Ein verglaster, dreieckiger Raum. Grauer Teppichboden, atemberaubender Blick den Rhein entlang von Köln bis ins Siebengebirge. Schwer vorstellbar, wie es hier aussah, als Klaus Zumwinkel noch Chef der Post war: Die Wände waren mit Holz vertäfelt, ein Ölbild des Postreformers Heinrich von Steffen hing an der Wand. Frank Appel, sein Nachfolger, ließ das Holz herausreißen und das Gemälde ins Depot bringen. Die Einrichtung spiegelt das Selbstverständnis der beiden letzten Vorstandsvorsitzenden der Deutschen Post wider. Der nüchterne Frank Appel löste den manchmal feudalen Klaus Zumwinkel ab.
»Postheroischer Manager« nannte Frank Appel sich einmal: Protagonist einer neuen Generation von Managern, die einfach ihrer Arbeit nachgehen. Er ist promovierter Neurobiologe, war dann Berater bei McKinsey, bevor er vor zwei Jahren Chef der Deutschen Post wurde; Zumwinkel musste das Amt wegen Steuerhinterziehung aufgeben.
Frank Appel steht neben einer Chaiselongue aus rotem Leder, die das einzig Auffällige an seinem Zimmer ist. Niemals liege er da drauf, sagt er. Innenarchitekten hätten sie hereingestellt, um dem ansonsten so nüchternen Raum eine besondere Note zu geben. Appel ließ es geschehen. Was gleich an ihm auffällt, ist ein großmütiger Gleichmut. Er lächelt fast ein wenig unsicher, als er sich zum Interview hinsetzt, die knochigen Hände vergräbt er dabei in seinen Hosentaschen.

In den Porträts über Sie fallen zwei Charakterisierungen auf, die sich wiederholen: intelligent, aber uncharismatisch.

Charisma wird bei Managern oft mit rhetorischem Talent gleichgesetzt. Ich musste erst lernen, zu vielen Menschen zu sprechen, von denen viele auch noch deutlich älter waren als ich. Die Mitarbeiter erwarten, dass man »bold statements« von sich gibt …

… vollmundige Aussagen …

… ja, im Sinne von »Wir machen das richtig!«, »Wir können das.« Ich fand das zuerst schrecklich. Ich musste mich langsam ranrobben.

Empfanden Sie die Aussagen als zu dick aufgetragen?

Man muss sich erst daran gewöhnen, dass man das Recht hat, solche Statements zu machen. Doch ich habe gelernt, dass die Mitarbeiter für ein Unternehmen arbeiten wollen, bei dem sie sagen können: »Wir haben einen tollen Chef, der die Richtung weist.«

Sie mussten Ihre Persönlichkeit verändern.

So tief geht es nicht. Ich spreche von Techniken, mich auszudrücken.

Wenn man mit 45 Jahren Chef der Deutschen Post wird, dem sechstgrößten Arbeitgeber der Welt, muss das doch Spuren in der Persönlichkeit hinterlassen?

Ich bin erst mit sieben in die Schule gekommen, weil meine Eltern sagten: »Der ist so schüchtern, der wird da untergehen.« Ich habe mit 22, nach der Bundeswehr, angefangen zu studieren und habe mit fast 32 promoviert. Dann bin ich zu McKinsey gegangen. Wenn Sie mit 24 bei McKinsey einsteigen, sind Sie vielleicht noch formbar. Mit meinen 32 Jahren war ich eine gefestigte Persönlichkeit. Ich war immer der Älteste, das prägt – bis ich vor sieben Jahren ein junger Vorstand bei der Deutschen Post wurde. Und heute bin ich ein junger Vorstandsvorsitzender. Das ist für mich selbst auch sehr erstaunlich, aber verbogen hat es mich nicht.

»Wer eine glückliche Kindheit hatte, aus dem wird nichts«, heißt es im Topmanagement …

… warum sagt man das?

Weil einem sonst der Antrieb fehle, ein Dämon, vor dem man davonlaufen muss. Wie war das bei Ihnen?

Aufgewachsen in einem Neubaugebiet in Hamburg mit einer neuen Schule und reichlich Grünanlagen. Ich war das mittlere von drei Kindern. Eine ziemlich heile Welt. Ihre Annahme erscheint mir unplausibel.

Hat Leistung in ihrer Erziehung eine Rolle gespielt?

Meine Mutter hat mir immer gesagt: »Wenn du nicht investierst, kommt auch nichts raus.« Das habe ich später als Chemiker wieder erlebt: Fast keine chemische Reaktion läuft ohne Aktivierungsenergie ab. Meine Eltern hatten jedoch keine konkreten Karrierepläne für mich. Wir waren ein ziemlich liberaler Haushalt.

Haben Sie sich politisch engagiert?

Ich war nie in einer Partei, aber ich war politisch sehr interessiert. Ich bin 1981 zur Anti-Pershing-Demonstration hier nach Bonn gefahren. Eine schwierige Phase meines Lebens, weil ich den Wehrdienst nicht verweigert hatte.

Gehört die Bundeswehr zur Sozialisation eines deutschen Managers?

Nein. Wenn ich Zivildienst gemacht hätte, würde ich heute genauso hier sitzen. Ich war bei der Luftwaffe und habe Flugpläne geschrieben. Mich hat das Verhalten von einigen Kameraden erstaunt: Am ersten Tag sagen sie, »das ist ja fürchterlich hier, ich muss mich hier einordnen«. Und nach drei Monaten sagen sie: »Ja, das ist schon richtig, dass hier Ordnung herrscht.« Da habe ich gedacht: »Was geht in diesen Leuten vor? Die verändern sich unter Druck.«

Auch Unternehmen leben von dieser Dynamik. Welchen Chef-Typus fanden Sie als Mitarbeiter gut?

Ich habe mir die Leute, für die ich gearbeitet habe, immer danach ausgesucht, dass sie Argumenten zuhören und nicht meinen, sie seien der Chef und deswegen hätten sie Recht.

Nach der Bundeswehr haben Sie Chemie studiert, etwas sehr Weltabgewandtes.

Mich hat damals die Frage sehr beschäftigt, warum sich Menschen so schizophren verhalten: Menschen fahren mit Tempo 200 auf der Autobahn, obwohl sie wissen, dass das gefährlich und umweltschäd lich ist. Und unter bestimmten Umständen werden sie sogar trotz besseren Wissens zu Bestien. Ich wollte verstehen, warum sich das Gehirn so irrational verhält.

Sie wollten das Wesen der Menschen naturwissenschaftlich begreifen?

Ich war damals sehr idealistisch, ich wollte die Welt verbessern. Und dafür musste ich begreifen, warum Menschen so sind, wie sie sind.

Wer in Ihrer Generation die Welt verbessern wollte, ging normalerweise auf die Straße.

Ich bin nicht so der rebellische Typ. Ich will die Dinge doch erst einmal verstehen, bevor ich aufbegehre.

Jetzt haben Sie Einfluss, können trotzdem die Welt nicht verändern, weil Sie in Zwängen stecken – durch Ihre Kapitalgeber, die Öffentlichkeit, Ihre Mitarbeiter.

Das stimmt so nicht. Sie müssen aus Ihrem Idealismus sozusagen einen *business case* machen. Ein Beispiel: In vielen aufstrebenden Ländern hatten wir Mitarbeiter-Fluktuationen von bis zu 30 Prozent – vor der Krise. Da stellt sich die Frage: Wie können wir die Mitarbeiter stärker an uns binden, ohne höhere Löhne zu zahlen? Ich dachte mir: Wir brauchen ein Konzept, mit dem wir etwas für die Kinder der Mitarbeiter tun. Wenn man die Mitarbeiter an ihrer wichtigsten Stelle – ihren eigenen Kindern – packt, erzeugt man unglaubliche Loyalität. Man tut was Gutes, tut etwas für diese Mitarbeiter und ihre Kinder. Aber man macht es am Ende auch aus betriebswirtschaftlichem Interesse.

Manager sind nicht in erster Linie Wohltäter – im Gegenteil.

Grundsätzlich muss man als Manager akzeptieren, dass man mit seinen Entscheidungen manchmal Menschen wehtut. Damit muss man umgehen können.

Wie gehen Sie damit um?

Ich gehe abends nach Hause und sage: So ist das jetzt – und denke dann nicht mehr darüber nach. Das würde mich sonst auffressen.

Eine Ihrer ersten Amtshandlungen als Postchef war, 15 000 Menschen in einem Tochterunternehmen in den USA zu entlassen.

Das hat mich natürlich beschäftigt. Am Wochenende vor der Entscheidung bin ich mit meinem Sohn ins Kino gegangen, um Abstand zu gewinnen. Ich hatte beschlossen, das Thema bis Montagmorgen ruhen zu lassen. In der Nacht von Sonntag auf Montag habe ich schlecht geschlafen. Da fragt man sich schon mal: »Was mache ich hier eigentlich?«

Was war Ihre Antwort?

Die Entscheidung war richtig fürs Unternehmen. Wir können es uns nicht erlauben, dass ein Unternehmensteil jedes Jahr 1,5 Milliarden Dollar Verlust macht. Ich habe ja noch mehr als 450 000 andere Mitarbeiter. Sie dürfen sich nicht in irgendwelchen Gefühlen verlieren. Sonst machen Sie Fehler, Kompromisse, die das Problem nur verlängern.

Die einzige Legitimation für einen selber kann da doch nur sein, die bestmögliche Entscheidung zu treffen. Wie können Sie sich da sicher sein?

Ich trage maximal viele Informationen und maximal viele Meinungen zu dem Thema zusammen. Ob es jemanden geben würde, der das besser entscheiden könnte – das ist doch müßig. Das ist mir auch egal. Was hilft das? Er ist ja nicht da.

Wie läuft so eine Entlassung praktisch ab? Unterschreiben Sie da etwas im Sinne von: »Es werden jetzt die und die Mitarbeiter entlassen«?

Nein, aber ich trage die Entscheidung dem Aufsichtsrat vor und sage: »Wir müssen das machen.« Die Menschen, die davon betroffen sind, kenne ich natürlich nur im Einzelfall.

Sind Sie damals nicht nach Wilmington gefahren, um die Entscheidung zu verkünden?

Wir haben lange darüber diskutiert, ob ich hinfahren soll: Ich war der Ansicht, dass ich mich dem aussetzen sollte. Meine Berater waren dagegen.

Warum?

Das Kernargument war: Ich führe mit leeren Händen hin, da ich die Entscheidung ja nicht revidieren könne. Ich würde nur Hoffnungen erzeugen, die ich nicht einlösen könnte, und damit letztlich die Firma beschädigen. Die Situation in unserem US-Standort in Wilmington war sehr aufgeheizt. Die Lokalpolitiker sind Sturm gelaufen.

Auf amerikanischen Internetseiten wurden Sie damals mit einem Hitlerbärtchen dargestellt. Verletzt einen das?

Ich habe mir das nicht angekuckt.

In Deutschland wurden Sie für die Entscheidung gelobt, die US-Tochter zu schließen.

Ja, da merkte ich, dass ich als Vorstandsvorsitzender eines so globalen Unternehmens, wie die Deutsche Post eines ist, zum Teil in einer anderen Welt lebe. Die Medien sind national, die Politiker sind national und die Gewerkschaften auch. Kurz nach der Schließung unseres US-Geschäfts haben wir eine Pressekonferenz abgehalten. Die Reporterin eines Fernsehsenders kam anschließend zu mir und sagte: »Herr Appel, wir wissen, Sie haben nur wenig Zeit, wir haben auch nur eine einzige Frage: Was bedeutet das für Deutschland?« Das beschreibt sehr anschaulich, dass im Grunde jeder in unserer sogenannten globalen Welt doch nur mit sich selbst beschäftigt ist.

Wundert Sie das?

Nicht wirklich. Aber für mich ist ein Mitarbeiter in Hamburg genauso wertvoll wie ein Mitarbeiter in Wilmington oder in China.

Trotzdem haben Sie bestimmt manchmal gedacht: »Gut, dass es in den USA passiert und nicht hier.«

Absolut! Ich muss mich hier zu diesem Thema nicht im gleichen Maße der Öffentlichkeit und der Politik erklären – für mich eine Baustelle weniger. Aber es ist dennoch seltsam, oder?

Die Post hat Mitarbeiter rund um den Globus. Dieser Konzern muss auch für Sie erstmal ein vollkommen abstraktes Gebilde gewesen sein. Wie macht man so ein Unternehmen für sich greifbar?

Bevor ich auf Dienstreise gehe, lasse ich mir vorher immer das Bruttosozialprodukt des Landes geben, in das ich reise. Vor Kurzem traf ich zum Beispiel einen EU-Kommissar aus einem kleinen Land.

Dieses Land hat 1,5 Millionen Einwohner und ein Bruttosozialprodukt von neun Milliarden. Das ist ein Sechstel des Umsatzes der Deutschen Post.

Veränderte der Vergleich Ihre Perspektive auf so ein kleines Land?

Mir machte es eher die Dimension meiner eigenen Aufgabe klar.

Die Hilfskonstruktion, mir der Sie sich Ihren Konzern aneignen, wirkt sehr abstrakt.

Seit Anfang des Jahres tauche ich in unregelmäßigen Abständen irgendwo hier im Post-Tower, unserer Konzernzentrale, auf und frage die Mitarbeiter, an was sie gerade arbeiten. So entstehen lohnende Gespräche, und ich bekomme ein Gefühl für das Unternehmen. Selbst meine Sekretärin weiß dann nicht genau, wo ich bin. Ich gehe einfach zum Fahrstuhl, drücke irgendein Stockwerk und kucke, wer da sitzt.

Ist das in Ihrem Terminkalender vermerkt?

Da ist eine Stunde geblockt. Da steht »Vorstandsvorsitzender« – VV ist das Kürzel hier – »besucht anderes Stockwerk«. Im ersten Halbjahr habe ich es ungefähr zehnmal geschafft.

Was ist denn – auch nach diesen Gesprächen – Ihrer Meinung nach das Wichtigste im Umgang mit den Mitarbeitern?

Ich denke, man muss einer Organisation immer ein Maximum an Klarheit geben. Wenn Sie eine Entscheidung treffen, so hart sie auch ist, müssen Sie mit den Betroffenen darüber reden. Sie können Ihren Mitarbeitern nicht sagen: Alles wird gut – und dann wird gar nichts gut. Das hat mich die Krankheit meiner Mutter gelehrt: Sie hatte Brustkrebs. Nach 20 Jahren ist sie auch daran gestorben. Damals erlebte ich, wie quälend Ungewissheit ist. Meine Mutter wurde regelmäßig untersucht. Jedes Mal wenn die Ärzte sagten, da sei vielleicht etwas, es sei aber unklar, was es sei – das war ein Horror für die Familie. Wenn klar war, da ist nichts, waren wir erleichtert. Aber es war auch okay, wenn die Ärzte etwas fanden. Dann wussten wir, jetzt können die wenigstens etwas dagegen tun.

Während Ihres Studiums haben Sie sich viel mit dem Wesen des Menschen beschäftigt, Sie sagten, Sie wollten der Schizophrenie der menschlichen Psyche auf den Grund gehen. Haben Sie inzwischen eine Erklärung gefunden?

Nein. Sonst säße ich heute vermutlich auch nicht hier. Aber ich bin immer noch froh über die Erfahrung, in so unterschiedlichen Welten gearbeitet zu haben. Die Gehirnwissenschaft ist intellektuell extrem anspruchsvoll. Dagegen ist das, was wir hier tun, simpel. Ich habe da was mitgenommen, was mir keiner nehmen kann.

Prägt das Studium Ihre Arbeitsweise?

Höchstens in einem praktischen Sinn. Ich habe experimentell mit Zellkulturen gearbeitet. Die Regel ist, dass eine Versuchsanordnung nicht funktioniert und man es mit anderen Parametern noch einmal versuchen muss. Dieses Trial-and-Error-Prinzip der wissenschaftlichen Methode prägt mich bis heute. In der experimentellen Arbeit lernen Sie außerdem eine hohe Frustrationstoleranz, die mir als Manager nutzt. In meinem Job ist kein Tag so, wie er geplant war. Er ist voll mit schlechten Nachrichten, weil immer irgendwas passiert. Damit müssen Sie umgehen können.

Von den Nachrichten, die Sie bekommen: Wie groß ist der Anteil der schlechten?

75 Prozent.

Und was sind die guten Nachrichten?

Zum Beispiel Veranstaltungen, auf denen ich die Mitarbeiter lobe. Die freuen sich, dass man kommt und sagt: »Habt ihr super gemacht! Toll gemacht!« Das ist auch für mich angenehm.

Die Physikerin Angela Merkel arbeitet auch als Politikerin wie eine Naturwissenschafterin: Versuche anordnen, die Elemente wirken lassen und erst am Ende eingreifen. Das Meiste erledigt sich von selbst…

… ist ja auch so.

Auch bei Kollegen, die Ihren Posten wollen?

Ich habe nicht das Gefühl, dass ich hier nur von neidischen Leuten umgeben bin, die gerne meinen Job hätten.

Als es um den Posten des Postvorstands ging, gab es zwei Konkurrenten ...

... die haben sich tatsächlich selbst erledigt.

Und Sie haben sich das ganz in Ruhe angeschaut?

Verhindert habe ich es nicht.

Auch Sie haben eine gewisse Härte.

Ich würde bezweifeln, dass ich so ein harter Typ bin. Wenn ich im Privaten irgendetwas verhandeln muss, sagt meine Frau immer: »Das mache ich lieber.«

Ist Ihre Frau für Sie ein Korrektiv?

Ja. Ich rede mit ihr auch über die Arbeit. Sie kann inhaltlich vielleicht nicht alles beurteilen, aber sie hinterfragt vieles. Oder sie sagt: »Warum schiebst du das wieder vor dir her? Du musst jetzt endlich mal entscheiden!« Oder wenn ich sage: »Ich hatte heute wieder einen Scheißtag, da hat wieder einer rumgemäkelt!« Dann sagt sie mir: »Da hat er aber auch Recht!«

Arbeitet Ihre Frau?

Meine Frau unterrichtet in Teilzeit als Lehrerin am Gymnasium.

Wie muss man sich Ihre Wochenenden vorstellen: in der einen Hand das Telefon, in der anderen den Blackberry?

Der Blackberry ist aus. Den mache ich nur an, wenn ich einen Anruf bekomme: »Du musst mal kucken, was ist.« Sonst ist der immer aus. Ich benutze ihn im Prinzip die ganze Woche nicht. Es gibt Leute, die sind fast süchtig nach dem Ding. Ich weiß nicht, wie die ihren Tagesablauf hinbekommen. Ich finde das merkwürdig.

Der Blackberry entspricht dem Mantra der Wirtschaft: Schnelligkeit, die ständige Bereitschaft ...

... bei McKinsey habe ich auch am Wochenende gearbeitet. Dann kam unser erstes Kind, und ich habe mir gesagt: Das kann es doch nicht gewesen sein. Ich kann doch jetzt nicht bis zum Ende meiner Tage so hart arbeiten. Seitdem nehme ich mir das Wochenende frei. Nur verlangt dieser Beschluss extreme Selbstdisziplin, damit man alle Arbeiten am Freitagnachmittag erledigt und nicht doch etwas ins Wochenende mitnimmt.

Von einem Vorstandsvorsitzenden wird eigentlich erwartet, dass er seine gesamte wache Zeit für das Unternehmen einsetzt.

Ich finde, man muss auch Leine geben können. Wenn die Arbeitsintensität steigt, entscheidet man schneller und braucht den Mut zur Lücke. Sie müssen sagen: Okay, ich glaube jetzt, dass die Organisation das von alleine hinkriegt. Deshalb fahre ich auch nicht für eine, sondern lieber für zwei Wochen in Urlaub. Nach zwei Wochen haben sich die meisten Dinge von alleine erledigt.

Man muss es dann nur aushalten, wenn die anderen falsch entschieden haben.

Fehlentscheidungen sind nicht zu vermeiden. Von keinem. Wenn Sie null Fehler machen, entscheiden Sie nichts. Wichtig ist, dass Sie Fehler schnell korrigieren. Deswegen ist Vergebung so wichtig. Als Manager müssen Sie lernen, Fehler vergeben zu können – auch sich selbst. Es gibt eine Menge Manager, die begründen permanent, warum die Fehlentscheidung eigentlich keine Fehlentscheidung war. Viel wichtiger als die Frage, wer ist schuld, ist doch die Frage: Wie lernen wir daraus?

Sie haben in Ihrem ersten Jahr als Postchef Entscheidungen Ihres Vorgängers und Förderers Klaus Zumwinkel korrigiert: Das Engagement in den USA haben Sie beendet, die Postbank verkauft. War das ein Konflikt für Sie?

Klaus Zumwinkel hat ja nicht absichtlich falsche Entscheidungen getroffen. Wenn die sich jetzt aber als falsch erweisen, muss ich sie revidieren, das ist mein Job. Dass Klaus Zumwinkel nicht, wie ursprünglich geplant, Aufsichtsratsvorsitzender geworden ist, hat es für mich aber wahrscheinlich leichter gemacht.

Wie haben Sie zum ersten Mal vom Verdacht der Steuerhinterziehung gegen Klaus Zumwinkel erfahren?

Mein Fahrer hat es mir erzählt, als er mich morgens abholte. Ich habe einen Fernseher im Auto, den ich daraufhin anmachte und dachte: »Da muss ich mich jetzt wohl drum kümmern.« Ich habe meine Rechtsanwälte angerufen, meinen Kommunikationschef und mein Büro im Konzern. Ich habe auch versucht, an Zumwinkel heranzukommen, was bis zum Nachmittag nicht gelang, weil die Polizei ihn nicht telefonieren ließ. Ich fuhr ein Notfallprogramm, ohne groß darüber nachzudenken, was genau passiert war. Ich musste dafür sorgen, dass wieder Ruhe in den Laden kommt.

Wie beurteilen Sie heute das Verhalten von Klaus Zumwinkel?

Es macht mich sprachlos.

Äußert sich Zumwinkel dazu?

Ja, ich denke, er weiß selbst nicht, warum er das getan hat.

Können Sie sich vorstellen, dass Ihnen so etwas passiert?

Ich glaube, mir ist so was bisher nicht unterlaufen.

Verliert man in solchen Positionen auf Dauer den Sinn für die Realität?

Die Gefahr besteht sicher. Man muss sich ständig selbst kontrollieren, denn Macht korrumpiert und Geld auch.

Irgendwann fühlt man sich unantastbar.

Man muss aufpassen, dass man nicht zum Gefangenen seiner Historie wird. Ich hoffe, dass ich die Kraft habe, aufzuhören, wenn der Termin gekommen ist.

Die meisten klammern sich an ihre Posten.

Vielleicht lässt man leichter los, wenn man seine Unabhängigkeit behält. Mein Haus ist längst nicht das, was Sie von einem Vorstandsvorsitzenden eines so großen Unternehmens erwarten würden. Und: Es ist längst abbezahlt. Wenn man mich hier morgen bittet, zu gehen, dann ist mein Leben nicht zu Ende.

Thomas Fischer
»Geld macht alles gleich. Wir sind Experten der Gleichnamigkeit«

Ein kalter Wintertag im Grunewald. Thomas Fischer sitzt über einem Wiener Schnitzel in »Reinhard's Landhaus« am Hagenplatz. Er wohnt in der Nähe.
Wie ein englischer Landadeliger sieht er aus. Rötliche, gewellte, nach hinten gekämmte Haare. Brauner Cordanzug, den er mit Weste, Krawatte und goldenen Manschettenknöpfen trägt. Allerdings ohne Cowboystiefel, die früher so oft unter seinen blauen Businessanzügen herausragten. Die Cowboystiefel waren bei ihm mehr als nur Schuhe: Sie waren eine kleine Abweichung in der genormten Welt des Geldes.
Thomas Fischer gilt als Nonkonformist, als Intellektueller unter Deutschlands Bankern. Alfred Herrhausen, den er bewunderte, stellte ihn 1985 bei der Deutschen Bank ein. Dort erlebte Fischer 1989 Herrhausens Tod durch ein Bombenattentat. Fischer stieg in den Vorstand der Bank auf, verließ dann das Haus im Streit mit Josef Ackermann und übernahm die Westdeutsche Landesbank. 2007 musste er dort seinen Posten aufgeben, nachdem Fehlspekulationen der WestLB in Millionenhöhe bekannt geworden waren.

Was war die größte Menge Geld, für die Sie jemals verantwortlich waren?

Ein paar hundert Milliarden. Das war die Bilanzsumme der Westdeutschen Landesbank, als ich Vorstandschef war.

Eine enorme Summe. Hatten Sie noch ein Gefühl dafür?

Was wollen Sie denn da fühlen? Sie müssen die Mechanismen verstehen.

Gefühle wären falsch …

… unangemessen. Wollen Sie den ganzen Tag überwältigt sein?

Mit Gefühl meinen wir nicht, überwältigt zu sein, sondern ob man zum Beispiel nur die Nullen zählt oder …

… wer nichts fühlt, erkennt nichts. Ein reiner Zahlentiger entdeckt nicht, wenn Dinge nicht vernünftig sind. Sie müssen ein Gefühl für Größenordnungen haben. Sie bilden Relationen: Eine dreimal so große Bank muss zum Beispiel etwa den dreifachen Gewinn machen. Sie prüfen Plausibilitäten: 40 Prozent Rendite – kann doch nicht sein.

Was fasziniert Sie am Geld?

Nichts. Geld ist nützlich, vor allem wenn Sie der Welt, so wie ich, zutiefst misstrauen. Dann hat Geld einen abgeleiteten Wert: Du musst dich nicht mit allem auf der Welt zufrieden geben. Du hast die Mittel, um dich zurückzuziehen.

Sie haben das Gegenteil gemacht: Über Jahrzehnte waren Sie in Ihrem Beruf damit befasst, Geld zu mehren.

Ich hatte immer ein der Welt zugewandtes Interesse, wollte die Welt, so wie sie ist, verstehen. Das geht nicht, ohne zu verstehen, wie Banken, wie Finanzen funktionieren. Finanzen sind das Nervensystem einer Volkswirtschaft. Wenn die Finanzbranche krank ist, funktioniert der Rest auch nicht. Wenn mal eine andere Branche leidet, beispielsweise die Textilindustrie ein Problem hat, redet niemand von einer großen Krise. Die ganz großen Wirtschaftskrisen hatten immer etwas mit Finanzen zu tun. Das Gesamtsystem ist nur dann gefährdet, wenn der systemische Zusammenhang gefährdet ist: der Tausch.

Wenn man in der Wirtschaft arbeitet, ist die größtmögliche Abstraktion, mit Geld zu handeln.

Dass unsere Ware abstrakt, anonym ist, scheint vielleicht wie ein Vorteil, ist aber in Wahrheit ein Nachteil. In der industriell gefertigten Produktion ist gerade der Unterschied im Gebrauchswert alles. Das ist im Bankgeschäft genau umgekehrt: Es ist geprägt vom Mangel an Unterschied. Geld macht alles gleich. Wir sind die Experten in der Gleichnamigkeit, spezialisiert auf den Tauschwert.

Ihre Karriere begann in der Industrie.

Ich arbeitete beim Batteriehersteller Varta, als ich 1985 ein Angebot von der Deutschen Bank bekam. Erst war ich sehr skeptisch. Banken produzieren nichts. Die leben davon, dass die anderen Geld brauchen. Das verlangen sie zurück. Mit Zinsen.

Ihre Skepsis gegenüber den Banken hat damals die gesamte Linke geteilt.

Vorsicht! Die Nazis haben die Unterscheidung von Realkapital und Finanzkapital bereits strapaziert. Danach war das Realkapital schaffend, das Finanzkapital war raffend – und jüdisch. Banken sah man nie als ehrenvolles Gewerbe. Schon Jesus hat die Geldmenschen aus dem Tempel geworfen. Das kanonische Zinsverbot ist eine katholische Erfindung. Auch der mittelständische Unternehmer, wie mein Vater einer war – der mag die Banken nicht. Nie in der Geschichte gab es eine Gesellschaft, die der vollen Überzeugung war: Das sind nun unsere Eliten.

... in den vergangenen Jahren wurden die Banker gefeiert ...

... eine Übertreibung, die gerade korrigiert wurde.

Banker selbst gaben sich immer elitär: im feinen, blauen Maßanzug ...

... dahinter steckt ein Komplex. Das Bankgewerbe ist ja ein abgeleitetes Gewerbe. Wir nehmen Geld und verleihen es weiter. Letztlich ist ein Bankier immer nur so gut, wie seine Kunden es sind. Das Investmentbanking war der Versuch, sich von den Kunden zu lösen. Investmentbanker nehmen sich das Geld nicht von Einzelnen, sondern von liquiden Märkten. Sie geben es auch nicht an einzelne Kreditnehmer, sondern sie geben es in Form von Wertpapieren an Märkte. Das heißt, es gibt auf einmal eine Schicht, die hat immer mit Märkten zu tun, nicht mit Kunden.

Sie wählen das Wort Bankier. Ein fast altmodischer Begriff, bei dem etwas Vornehmes, Weltgewandtes mitschwingt.

Ja, ein Bankier, wie ich den Beruf verstehe, muss polyglott sein, gefällig, denn morgens muss er mit dem Stahlfabrikanten reden, mittags mit den Einlegern, die ihm viel Geld anvertrauen. Dieses Chamäleon braucht eine gewisse Form des Auftritts.

Vor allem seriös muss er sein. Sonst gibt ihm keiner sein Geld.

Ja! Leider reicht es allzu häufig, einen seriösen Eindruck zu erwecken. Weil er wie jemand wirken muss, bei dem Geld gut aufgehoben ist. Außerdem wie eine Person, die Geheimnisse, wenn es sein muss, mit ins Grab nimmt: Banker wissen alles. Die Kunden müssen sich ja total öffnen.

Die wichtigste Währung im Bankgeschäft ist Vertrauen.

Dass man dem Bankier vertraut. Er selbst vertraut ja niemandem. Das hat sich während der Finanzkrise gezeigt: Die Banken untereinander vertrauen sich nicht.

Sie haben sich trotz Ihrer wenig freundlichen Schilderung der Branche damals für die Deutsche Bank entschieden.

Ich habe mich für Alfred Herrhausen entschieden, der mich eingestellt hat ...

... Herrhausen war Sprecher, also Chef des Vorstands in den 1980er Jahren, bis er 1989 umgebracht wurde, vermutlich von der RAF ...

Ich dachte mir: Wenn Herrhausen in der Deutschen Bank eine Chance sieht, solltest du es auch tun. Die Deutsche Bank war damals schon sehr elitär, wettbewerblich, mächtig. An Herrhausen hat mir imponiert, dass er nie leugnete, dass die Deutsche Bank Macht hatte. Es macht einen schon sehr misstrauisch, wenn eine mächtige Organisation sagt: Wir sind ohnmächtig. Herrhausen dagegen sagte: Gegen Macht an sich ist nichts einzuwenden. Ihr müsst nur sehen, dass sie nicht missbraucht wird. Wer das Wort Macht nicht mag, dem schlage ich Einfluss vor. Aber wer leugnet, dass die Bank Einfluss hat, lügt.

Macht fasziniert Sie.

Gestaltungsmacht. Keine absolute Macht. Es ist naiv, anzunehmen, dass es damals wie heute irgendwo in der westlichen Welt eine Institution oder einen Menschen gibt, der Macht in dem Sinne hat, dass er keine Rücksicht mehr nehmen muss.

Geht es wirklich nur um Gestaltungsmacht? Macht hat doch auch immer eine Faszination an sich.

Der Gegensatz von Machthaben ist doch Ohnmächtigsein. Das wollte ich nicht. Ich hatte einen Vater der alten Schule erlebt, der mich zum Adressaten seiner Gebote und Verbote machte. Hat mir nicht gefallen. Ich habe das Militär erlebt, wo eine Kommandostruktur herrschte. Hat mir auch nicht gut gefallen. Wenn Sie nicht ohnmächtig durchs Leben gehen wollen, sollten Sie kapieren, wie Macht funktioniert. Machtausübung hat ja eine rein technische Dimension: Kapitalerhöhungen, Fusionen – wie macht man so was? Wenn man das lernen will, sollte man zur besten Adresse gehen. Herrhausen hat mal zu mir gesagt: Jetzt erkläre ich dir, wie man sich mit einem Ministerpräsidenten auf ein Sofa setzt.

Und wie setzt man sich denn mit einem Ministerpräsidenten auf ein Sofa: breitbeinig oder mit übereinandergeschlagenen Beinen?

Man schaut, wie der es macht. Macht es nach. Das Wichtige ist: hinkucken. Man muss achtsam sein, bescheiden, darf sich nicht aufdrängen, nicht laut sein, der Deutsche ist ja sehr laut. Kommt ganz schlecht an. Man muss sich selbstbewusst zurücknehmen. Das alles muss man lernen. Das bringt Ihnen Ihre Mutter nicht bei.

Herrhausen sagte einmal: Die Deutsche Bank sei in der Lage, mit den Großen zu konkurrieren – nicht nur intellektuell, sondern auch emotional. Was meinte er mit emotional?

Das Zitat stammt aus den 1980er Jahren. Man darf nicht vergessen: Deutschland war immer noch geteilt. Wir hatten den Krieg verloren. Jetzt schickte sich die Deutsche Bank an, international mitspielen zu wollen: mit den Siegern in einen Ring zu gehen. Das müssen Sie sich zutrauen. Emotional hieß: Das trauen wir uns zu. Wir sind aus den falschen Gründen zurückhaltend und schüchtern. Wir können das auch.

Hatten Sie auch dieses ausgeprägte Selbstbewusstsein?

Habe ich noch nie drüber nachgedacht. Doch. War so.

Wo in den Zwillingstürmen der Bank hatten Sie Ihr Büro?

Zunächst im A-Turm, 17. Stock. Als ich später im Vorstand saß, lag es im A-Turm, 30. Stock – gleich neben dem von Rolf Breuer, der damals Sprecher des Vorstandes war.

Hat damals noch jemand über Ihnen gesessen?

Ja, Joe Ackermann.

Ist der A-Turm besser als der B-Turm?

Im A-Turm sitzt der Vorstand. Sie stellen vielleicht Fragen.

Es geht um Insignien der Macht. In Hochhäusern symbolisiert das Stockwerk, in dem einer sitzt, seine Stellung in der Hierarchie.

Bei der Deutschen Bank kam der Neue in das Büro, das gerade frei war. Völlig wurscht, wo. Die mächtigen Händler wie Ribbentrop waren im dritten Stock untergebracht. Im 29. Stock saß Hermann Josef Abs, der mächtigste Banker, den Deutschland je hatte und der bis zu seinem Tod der eigentliche Chef war.

Und wie war im 30. Stock der Blick aus dem Fenster auf das Land, das die Deutsche Bank mitregierte? Hat der Ihre Perspektive geprägt?

Zum Rauskucken war keine Zeit. Man wirft höchstens mal kurz einen Blick auf den Opernplatz und denkt: Mein Gott, wie viele von unseren Leuten hocken wieder da und sollten im Büro sein. Wenn wir auf dieser oberflächlichen Ebene bleiben, könnten wir auch über Autos reden …

… gern, über die dunklen Limousinen, die Wagenkolonnen, die etwas Imposantes haben. Sollen sie ja auch.

Gnade Gott der Institution, die von Leuten geführt wird, die so leicht zu kriegen sind; deren Triebfeder so wenig komplex, so leicht zu entschlüsseln ist.

Wie sieht denn Ihrer Meinung nach ein Idealbild von Vorständen aus? Was müssen sie können?

Die da oben müssen gut sein im Da-oben-Sein. Wenn sie da oben bleiben wollen, müssen sie verstehen, dass sie sich fokussieren müssen auf die Kunst, da oben zu bleiben.

Woraus besteht diese Kunst?

Wenn Sie Eigentümer haben, die Politiker sind, müssen Sie verstehen, wie Politiker funktionieren. Sie müssen sich darauf einlassen.

Wenn Sie im Vorstand der Deutschen Bank sind, und die Mode der Stunde ist ein amerikanisches Führungsmodell, dann müssen Sie sich darauf einlassen. Es wird erwartet, daß Sie mit den Wölfen heulen. Sie müssen lernen, auf Ihre Stunde zu warten, den Augenblick der Wahrheit.

Halten Sie es für treffend oder übertrieben, wenn Kriegsführung und Unternehmensführung heute häufig gleichgesetzt werden?

Die Modelle, die wir in der Marktwirtschaft praktizieren, sind keine Kriegsmodelle. Da wird ja keiner vernichtet, sondern es sind wettbewerbliche Modelle. Das ist die Weisheit, die heute weitgehend fehlt: Sie müssen die Systeme so arrangieren, dass sich die Wiederholung für alle Beteiligten lohnt.

Clausewitz' *Vom Kriege* zählt trotzdem zu den Klassikern der Literatur für Manager. Mittlerweile gibt es hunderte Ratgeber-Bücher für Unternehmensführung. Werden diese Bücher in den Chefetagen gelesen?

Nein, nur Journalisten, Managementliteraturschreiber und Kurserfinder lesen so was. Ich kenne Machiavelli im Original, Marx, ja, auch Clausewitz. Doch ich glaube, dass die meisten Manager viel zu viel arbeiten, um solche Bücher zu lesen. Es gibt wenige Intellektuelle unter ihnen.

Verträgt sich Intellektualität nicht mit Unternehmensführung?

Ich glaube, dass die Dinge kritisch zu hinterfragen, philosophisch zu überhöhen, Sinnfragen zu stellen – ich glaube, dass einen das in einer Welt, die das pure Funktionieren meistens über alles stellt, langsamer macht. Es lässt Sie skrupulös erscheinen, zögerlich, sinnierend. Von außen betrachtet wirkt das wie: nicht entscheidungsfreudig, nicht schnell.

Wie sind Sie damit klargekommen?

Bin ich nicht. Ich glaube, dass sehr viel von der Energie, die sich in das Hinterfragen gebunden hat, vergeudet war. Ich habe sie nicht nutzen können.

Sie fehlt woanders?

Sie fehlt nicht. Es ist ein zusätzlicher Aufwand. Sie ringen mit sich viel häufiger, als andere das tun. Wenn Sie jemand sind, der – ich will jetzt nicht sagen eindimensional, aber auch nicht mehrdimensional – mit sich im Reinen ist, macht Sie das stark. Wenn Sie grübelnd nach Hause gehen und sich fragen, was das alles bedeutet, dann macht Sie das in diesem Beruf nicht besser.

Nachdenken bringt in der Wirtschaft nichts?

Intellektualität bringt Sie nicht weiter. Sie müssen sie unter Kontrolle bringen. Sie darf Sie nicht dominieren, sonst schadet sie. Und Sie müssen sie hüten wie ein teures Geheimnis, sonst fallen Sie unangenehm auf.

Wie müssen Sie sich dann geben? Als tatkräftig?

Chefsein bedeutet, in einer arbeitsteiligen Organisation derjenige zu sein, der am Montagmorgen den Wagen anstößt. Der rollt nicht, wenn Sie ihn nicht schubsen. Einerseits führen Sie eine Truppe in den Kampf. Andererseits kämpfen Sie mit den divergierenden komplexen Interessen innerhalb der Unternehmung. Sie müssen wissen, dass alle, die in ein solches Unternehmen kommen, eigene Interessen haben. Das ist ein komplexes Wechselspiel, bei dem Sie eines ganz sicher nicht sind: der dominierende, alles kontrollierende Chef. Sie dürfen nie glauben, dass etwas aus sich heraus in einer Stabilität ist. Wenn Sie Glück haben, erreicht es mal eine dynamische Stabilität.

Wird der Konkurrenzkampf härter, je weiter man aufsteigt?

Nein. Ich bin jetzt im 62. Jahr. Die Form variiert, doch im Kern bleibt es das gleiche: es wird nichts zugewiesen, auch nichts verschenkt; wo es etwas zu verteilen gibt, müssen Sie kämpfen.

Sie selbst boxen in Ihrer Freizeit …

… zur Zeit zweimal die Woche.

Gegen Gleichaltrige?

Nein, gegen wesentlich Jüngere.

Ums Boxen ranken sich viele simple Analogien mit dem Leben …

Man gewinnt da nur, wenn man dominiert. Man muss hinkucken, muss die Stärken und Schwächen des Gegners verstehen, man muss wissen, dass man getroffen wird. Das ist nicht ohne Risiko. Der andere kann besser sein.

Man braucht Aggressivität.

Im Schlaf ist noch keiner Meister geworden.

Man muss bereit sein, dem anderen in die Fresse zu hauen, um es mal so grob zu sagen.

Wir hauen uns nicht in die Fresse.

Nun ja doch: Die Schläge zielen fast immer auf den Kopf, soweit wir Boxen richtig verstehen.

Es geht uns um die körperliche Betätigung, wir wollen keinen umbringen. Die Bewegungsabläufe sind hoch komplex. Deshalb hat der Sport auch so viele Literaten fasziniert: es ist ein Kampf nach Regeln.

Wie wurden im Vorstand der Deutschen Bank Konflikte ausgetragen?

Die, die einer Meinung sind, treffen und besprechen sich. Die, die anderer Meinung sind, machen das auch so. Der eine oder andere sucht das Gespräch mit dem Sprecher des Vorstandes und schüttet bei ihm sein Herz aus. So funktioniert das. In Vorstandssitzungen wurde nie einer laut. Undenkbar. Wenn man unterlegen war, hat man das nicht nach draußen getragen, sondern mitgemacht, sich der Mehrheitsmeinung gefügt. Und wer die Mehrheitsmeinung nicht mehr für tolerabel hielt, musste gehen. Ich hatte einen großen Konflikt, den habe ich damit geregelt, dass ich gegangen bin. Ich habe nicht ein einziges Mal gestritten. Ich war von der Entwicklung enttäuscht, dass in diesem Gremium auf einmal das amerikanische Modell Einzug halten sollte, bei dem der eine Chef der anderen war. Bei der Deutschen Bank gab es damals im Vorstand nur einen Sprecher, der war aber nicht der Chef. Ich habe die Notwendigkeit nicht gesehen, vor dem amerikanischen Investmentbanking, das damals in Mode war, so einen Kotau zu machen. Es hat sich ja auch als wenig nachhaltiges Geschäftsmodell erwiesen.

Ein Auswuchs des Kapitalismus.

Die Wallstreet-Banker sind gar keine sauberen Kapitalisten in unserem wohldefinierten Sinne, weil sie die Profite entnehmen, immer entnehmen. Der richtige Kapitalist nimmt ja nicht, der belässt ja. Er lässt die Gewinne stehen. Der richtige Kapitalist ist kein Hedonist, sondern Calvinist.

Auch die WestLB, bei der Sie nach dem Ausscheiden aus der Deutschen Bank Vorstandschef wurden, verlor mit Investmentbanking viel Geld.

Keiner im internationalen Finanzgeschäft hat es für möglich gehalten, dass aus den USA, dem Land mit den allerdichtesten Kontrollen, Produkte kamen, die schon im Ursprung faul waren. Die Derivate, mit denen wir handelten, waren ja von verschiedenen Institutionen geprüft, bevor sie auf den Markt kamen: von der amerikanischen Bankenaufsicht, der deutschen Bankenaufsicht, den Rating-Agenturen. Wenn Sie sich auf die nicht verlassen können, können Sie gar nichts kaufen. Die Vertragswerke wurden außerdem von Heerscharen von Juristen durchleuchtet, nirgendwo gingen Warnlampen an.

Sie haben sich in Ihrer Karriere auf Management von Risiko spezialisiert. Das hat Sie nicht davon abgehalten, sich auf den Handel mit Derivaten einzulassen.

Derivate sind nicht per se riskant, und es ging auch nicht um exotische Renditen von 25 Prozent. Und wo sollten wir damals die Gelder, die wir hatten, anlegen? In Bundesanleihen? Es war Niedrigzinsphase, die Refinanzierungskosten waren so hoch, dass das Geschäft mit Bundesanleihen keine Rendite abwarf. Wollten Sie das Kreditgeschäft verstärken? Mit wem denn? An den Mittelstand haben uns die Sparkassen nur bedingt rangelassen. Und große Firmen sind nicht beliebig vermehrbar. So viele gab es davon nicht. Also suchte die Branche nach den nächstbesten Anlagen mit bester Bonität und nicht unbedingt höchster Rendite. Denn die Renditen lagen meistens nur knapp über denen von Staatsanleihen.

Können Sie Risiko definieren?

Risiko ist die Möglichkeit, dass Ereignisse eintreten, die Sie nicht vorhergesehen haben, beziehungsweise Ereignisse, deren Wirkung nicht so ist, wie ich sie vorhergesehen habe. Risiko beginnt mit der Abweichung von Ihren Erwartungen. Die Formel ist: Wirkung mal Eintrittswahrscheinlichkeit. Risikomanager hassen Überraschungen. Unser Albtraum ist, dass Dinge passieren, mit denen wir überhaupt nicht gerechnet haben und nicht rechnen konnten.

Wie viel Risiko muss man eingehen, um eine große Karriere zu machen?

Die Möglichkeit des Scheiterns müssen Sie in Betracht ziehen. Sie gehen im Berufsleben kein unkontrollierbares Risiko ein. Sie müssen das Risiko bestimmen, wenn es geht, und dann sehen, ob Sie es sich leisten können.

Ist das ständige Vermeiden von Risiken Teil Ihrer Persönlichkeit?

Meine Prägung: Ich war Flüchtlingskind, viel umgezogen. Wir mussten uns immer kämpfend in neuen Milieus bewähren. Das schaffen Sie nur, wenn Sie genau kucken: Mit wem habe ich es zu tun? Mit sehr nüchternem Blick auf die Dinge, keinen Illusionen, einem Schuss Misstrauen, Unrat witternd …

… Überraschungen hassend.

Ja. Ich werde nicht gerne überrascht. Wer wird schon gerne unangenehm überrascht. Sie?

Nein, nicht. Aber der Preis dafür, dass ein Leben nicht ewig gleichförmig ist, sondern einen hin und wieder auch überrascht, ist, dass auch mal eine unangenehme Überraschung dabei ist.

Ich war der Ansicht, dass ich, wenn ich angenehm leben will, eine Fertigkeit entwickeln muss, Risiken möglichst früh zu erkennen. Insofern war die WestLB für mich ein tragisches Ereignis.

Sie mussten die WestLB nach den Fehlspekulation der Bank im Sommer 2008 verlassen. Als Sie damals gehen mussten – war das der schwierigste Tag Ihrer Karriere ...?

... ja, wohl wissend, dass die Gründe vorgeschoben waren. Es hieß, der Aufsichtsrat sei nicht ausreichend informiert worden. Das trifft aber nicht zu.

Schildern Sie uns bitte diesen Tag. Sie saßen morgens am Frühstückstisch und dachten: Heute steht mir was bevor ...

Nö. Ich dachte: Heute entscheidet sich das. Aus.

Sie waren fatalistisch?

Nö. Wasser ist nass. Sie können doch nicht Millionen verdienen und dauernd davon reden, dass das ein Ausgleich für das Risiko ist, und sich dann in die Hosen machen, wenn ein Risiko kommt. Das geht doch nicht, oder?

Wie wahrt man in so einem Moment seine Würde?

Indem Sie nicht wehleidig werden, nicht wimmern, sondern den Kopf hoch halten, denjenigen, die das verbrochen haben, in die Augen sehen und sagen: Ich weiß, warum Sie das machen. Was Sie sagen, ist alles Mumpitz. Machen Sie, was Sie machen müssen. Ich mache, was ich machen muss. Ich übernehme die politische Verantwortung. Ich gehe hier nicht als geprügelter Hund raus, damit das mal klar ist. Ich war nicht blass, habe sogar eine Rede gehalten. Da bin ich begnadet von der Natur. Sie haben an solch einem Tag keine Zeit, bitter zu sein. Sie sind auf der Bühne: müssen funktionieren. Sie müssen Haltung bewahren. Es war nicht der Moment um auszurasten. Das passte alles nicht.

Sie mussten Ihre Demission am Bistrotisch vor der Aufsichtsratssitzung unterschreiben. Demütigender geht's nicht.

Ich sagte mir: mich beugen die nicht. In dem Moment hat man das sicherere Gefühl: Mein Gott, so ist es jetzt. Es kommt noch ein anderer Tag. Abwarten.

Wie war der Abend?

Abendessen. Frankfurt, mit Freunden. Wir haben geredet: über die Intrige, die Funktionäre, wie sie das gedeichselt haben.

Geschlafen in der Nacht?

Sehr gut.

Heinrich von Pierer
»Die Diffamierung nimmt in konzentrischen Kreisen um München herum ab«

Heinrich von Pierer trägt einen Regenmantel, in dem er fast versinkt, eine graue Seitenscheitelfrisur und eine ovale Brille. Das einzig Bemerkenswerte an seiner äußeren Erscheinung ist, dass jemand, der einmal so viel Macht hatte, so wenig Macht ausstrahlt; dass man Ansehen, was von Pierer früher im Überfluss genoss, einem Menschen nicht unbedingt ansieht: Von Pierer war 13 Jahre Vorstands- und zwei Jahre Aufsichtsratsvorsitzender von Siemens, Berater von Helmut Kohl, Gerhard Schröder, Angela Merkel. Er ist Träger des Bayerischen Verdienstordens und des Bundesverdienstkreuzes, Ehrenbürger und fünffacher Ehrendoktor.

Dann stellte sich heraus, dass Siemens in seiner Amtszeit als Vorstandsvorsitzender 1,4 Milliarden Euro Bestechungsgelder gezahlt hat. Im April 2007 drängte ihn Gerhard Cromme, damals Aufsichtsratsmitglied, heute Aufsichtsratschef von Siemens, aus dem Konzern. Im Jahr darauf schloss Angela Merkel ihn aus dem Rat für Innovation und Wachstum aus, zu dessen Vorsitzenden sie ihn drei Jahre zuvor gemacht hatte. Der Fall von Pierers, sein Fallen-gelassen-Werden, offenbart auch die Kälte der deutschen Machteliten.

Heinrich von Pierer, 68 mittlerweile, ist ein Mann von vereinnahmender Freundlichkeit. Er gibt sich so ostentativ bescheiden, dass man sich fragt, wo die Härte und die Strenge sind, die in solchen Positionen doch unabdingbar scheinen. Bei den Mitarbeitern der CSU-Mittelstandsvereinigung bedankt sich von Pierer herzlich, er saß für die Partei 18 Jahre im Stadtrat von Erlangen, jetzt haben sie ihm für das Interview ein Büro gestellt. Schräg gegenüber, durch das Fenster, ist die Hauptverwaltung von Siemens zu sehen.

Wir sitzen am Münchner Odeonsplatz. Gegenüber liegt die Siemens-Zentrale. Was empfinden Sie, wenn Sie auf Ihre alte Arbeitsstelle schauen?

Mein Gefühl zu Siemens ist jetzt schon etwas distanzierter. Ich darf da drüben ja nicht mal mehr hinein. Ich habe faktisch Hausverbot.

Alle früheren Aufsichtsratsvorsitzenden haben dort ein gemeinsames Büro.

Alle außer mir.

Nicht nur bei Siemens, auch bei der Deutschen Bank, ThyssenKrupp und zuletzt im Frühjahr bei der Münchner Rück sind Sie aus dem Aufsichtsrat verschwunden.

Das hat natürlich teilweise mit den Vorgängen bei Siemens, aber auch mit meinem Alter zu tun. Ich wirke für Sie vielleicht nicht so alt, aber ich bin nicht mehr ganz jung.

Sie wirken wie ein Ausgestoßener.

So schlimm ist es nicht. Die Diffamierung nimmt in konzentrischen Kreisen um München herum ab. Nur wenige Menschen gehen auf Distanz. Manche sind sogar besonders freundlich zu mir, die meisten neutral.

Der Schriftsteller Martin Walser hat Sie sogar verteidigt. Er sagte: »Hier ist eine öffentliche Person in den Medien mehr oder weniger zur Hinrichtung präpariert worden, ohne dass wirklich etwas nachzuweisen ist.«

Ich versuche, das Ganze möglichst emotionsfrei zu sehen. Vorstand und Aufsichtsrat von Siemens haben gegenüber der amerikanischen Börsenaufsicht SEC eine bestimmte Taktik eingeschlagen: Dazu gehört es, möglichst laut zu sagen, was man alles tut, um den Korruptionsvorwürfen nachzugehen. Und die Verantwortlichkeiten des alten Vorstands herauszustellen, die es in der Weise gar nicht gab. Dazu hat man auch die Medien eingesetzt.

Lesen Sie eigentlich alles über sich?

Solange ich von Siemens den Pressespiegel bekommen habe, schon. Den kriege ich auch nicht mehr. Das finde ich ziemlich kleinkariert.

Sie verfolgen die Berichterstattung über Ihren Fall nicht? Das glauben wir nicht.

Ich setze mich doch nicht jeden Tag zwei Stunden an den Computer, um nachzuspüren, was über mich erschienen ist. Ich lese täglich die *FAZ* und die *Erlanger Zeitung*, wie seit meiner Schulzeit schon, außerdem im Flugzeug die *Bild*-Zeitung, besonders den Sportteil –

am liebsten über Bayern München. Kürzlich habe ich mich mit Uli Hoeneß darüber unterhalten. Die sind von der Berichterstattung auch nicht immer so begeistert. Da habe ich gesagt: Mensch, davon lebt ihr doch auch, dass die euch mal angehen. Wenn man Betroffener ist, sieht man das wahrscheinlich anders.

Kommen Sie mit Hoeneß gut aus? Das ist ja ein ganz anderer Managertyp.

Wenn die Presse es mal ganz wild getrieben hat, dann war Hoeneß am Telefon. Nicht nur er, auch andere.

Hoeneß ist loyal.

Mehr als loyal. Loyal klingt so neutral.

Aber er ist vom Managertyp her das Gegenteil von Ihnen. Sie sind eher kontrolliert.

Beim Hoeneß ist vieles kalkuliert. Merken Sie das denn nicht? Das ist doch großartig, wie er das macht! Der nimmt den Druck weg von seiner Mannschaft. Wenn er Ausbrüche hat, muss über ihn geredet werden.

Haben Sie nie Aggressionen, kalkulierte Ausbrüche eingesetzt, wenn Sie als Vorstandschef etwas erreichen wollten?

Kein einziges Mal. Das ist auch nicht der Siemens-Stil, der eher zurückhaltend ist.

Sie waren 38 Jahre im Siemens-Konzern, davon zwölf als Vorstandsvorsitzender und zwei als Aufsichtsratsvorsitzender. Eine große Karriere, einerseits. Auf der anderen Seite steht der größte Schmiergeldskandal, der jemals in einem deutschen Unternehmen aufgedeckt wurde. Was wiegt für Sie im Rückblick schwerer?

Ich will das nicht bewerten. Ich finde diese ganze Korruptionsgeschichte außerordentlich bedauerlich. Das habe ich mehrfach gesagt. Ich glaube aber, sie wird vorübergehen, und dann werden andere, längerfristige Themen wieder eine Rolle spielen. Wenn ich in der New Economy auf die Finanzmärkte gehört hätte, gäbe es Siemens heute nicht mehr. Damals entstand ein Riesendruck, weil die

Finanzmärkte sagten: Medizintechnik und Kraftwerke, verkauft das alte Zeug und Osram gleich mit! Nehmt das Geld und geht in die New Economy, werdet ein »Pure Player«. Und der Druck war groß.

Sie tun sich noch immer schwer damit, eine Verantwortung für den Korruptionsskandal einzuräumen.

Nein, ich bin politisch verantwortlich. Deshalb bin ich vom Aufsichtsratsvorsitz zurückgetreten, ich habe mich an der Aufklärung beteiligt. Was soll ich sonst noch tun?

Persönlich hätten Sie aus heutiger Sicht nichts anders gemacht?

Aus heutiger Sicht schon: Ich hätte mich nicht nur auf unser umfassendes Regelwerk und die lückenlose Selbstverpflichtung der Mitarbeiter verlassen sollen, wie im Übrigen meine Vorstandskollegen auch. Ich hätte noch mehr mit den Leuten sprechen sollen, die das tägliche Geschäft abgewickelt haben und womöglich von irgendetwas wussten. Doch man kann als Vorstandsvorsitzender nicht einfach Hierarchieebenen übergehen. Damit hätte ich sofort die Autorität der Vorstandskollegen untergraben. Wenn ich mit jemandem weiter unten in der Hierarchie sprechen wollte, musste ich häufig so tun, als wäre ich ihm zufällig begegnet.

Trotzdem bleibt der Eindruck, dass es bei Siemens einen laxen Umgang mit diesen Fragen gegeben hat.

Im Nachhinein ist man immer schlauer. Ex ante, aus damaliger Sicht, schienen die Maßnahmen ausreichend. Sie gingen weit darüber hinaus, was andere Unternehmen getan haben.

Martin Walser erklärt sich die Siemens-Affäre so: »Ich glaube, so ein Unternehmen ist derart konstruiert, dass bis zu einer gewissen Ebene alle wissen, wir müssen bestechen, aber wir müssen für den Fall des Falles die Spitze davon freihalten. Das ist eine sehr solide, vernünftige Konstruktion. Jeder weiß doch, dass in vielen Ländern Großaufträge ohne Bestechung nicht zu bekommen sind.«

Ich möchte das nicht kommentieren.

Unbestritten ist, dass Siemens über die Jahre 1,4 Milliarden Euro an Schmiergeldern gezahlt hat. Wie erklären Sie es sich denn, dass es dazu kommen konnte?
Ich bitte um Verständnis, dass ich mich zur Zeit dazu nicht äußern kann. Sonst würden meine Anwälte fragen, ob ich den Verstand verloren habe. Noch läuft ein Ordnungswidrigkeitsverfahren gegen mich und eine zivilrechtliche Auseinandersetzung mit Siemens. Nur eines: Siemens spricht meines Wissens nicht von »Bestechung«, sondern von »zweifelhaften Zahlungen«. Aber da muss man Siemens fragen.
Der Konzern will sechs Millionen Euro Schadenersatz von Ihnen. Der Aufsichtsratsvorsitzende Gerhard Cromme sagte: Der Schadenersatz soll schmerzhaft für Sie sein.
Manche Bemerkungen sind verwunderlich, aber ich kommentiere sie nicht.
Der Umgang von Siemens mit der Korruptionsaffäre offenbarte die enorme Kälte, die auf den Vorstandsetagen herrscht.
Meinen Fall kann man nicht generalisieren. Das ist, fürchte ich, Siemens-spezifisch. In anderen Unternehmen gibt es aber auch mal Streit, dann schmeißen sie einen raus ...
... das passierte ständig, oder?
Schon, aber die Leute fliegen in der Regel raus, weil die Zahlen nicht stimmen. Die Geduld ist da geringer geworden. Das hängt mit den Finanzmärkten zusammen, aber auch mit einer überkritischen Öffentlichkeit. Die Journalisten schreiben auch schon mal den Sturz eines Managers herbei: Wie lange hält der sich noch? Dann fällt die Meute ein, und alles eskaliert.
Management war schon immer eine kalte Profession.
Würde ich so nicht sagen. Ich habe ja nicht hier in München in irgendwelchen anonymen Vierteln gewohnt, von denen meine Frau immer sagte: da zieht sie nicht hin, dort ist die Scheidungsrate zu hoch. Ich bin in Erlangen wohnen geblieben: 25 000 der 100 000

Einwohner sind dort bei Siemens. Wenn ich samstags über den Markt ging, kamen die Leute auf mich zu. Einer sagte zum Beispiel: Mein Sohn kriegt keinen Ausbildungsplatz. Das geht einem schon nach.

Haben Sie dem Mann geholfen?

Ich konnte seinen Jungen ja nicht einfach irgendwo reindrücken. Bei Siemens gibt es ausgefeilte Auswahlverfahren. Ich habe dafür gesorgt, dass es möglichst viele Ausbildungsplätze gibt. Und dass der Junge eine Chance bekam, sich zu bewerben.

Trotzdem bleibt die Grundregel in der Marktwirtschaft: Nicht der Mensch, die Rendite ist das Maß der Dinge.

Das ist schon stark übertrieben. Ich war viel in den Siemens-Fabriken auf der ganzen Welt unterwegs: Wenn Sie dort die Arbeiter an der Werkbank sehen, was für ordentliche Leute das sind! Da konnte ich mir sehr gut vorstellen: Der hat eine Familie und womöglich morgen keinen Job mehr. Da fragt man sich schon: Wofür arbeite ich eigentlich? Eine gewisse Selbstbefriedigung ist dabei, ein gewisser Ehrgeiz, den man in so einer Führungsposition befriedigt, die öffentliche Anerkennung. Aber am Ende – arbeitet man nur für die Aktionäre? Für irgendwelche reichen Leute, die mit Yachten in der Karibik herumfahren? Zu denen entwickele ich kein besonderes, emotionales Verhältnis.

Wie haben Sie die Frage für sich beantwortet: Für wen arbeiteten Sie?

Man muss einen Kompromiss finden. Wenn Sie nicht auf das Ergebnis und den Aktienkurs achten, ist das Unternehmen am nächsten Tag weg. Bei Investorentreffen stellte man mir immer die Frage: »Wie viele Beschäftigte haben Sie heute in Deutschland, und wie viele werden es in fünf Jahren sein?« Da saßen mir dann ein paar nette, junge Analysten gegenüber. Meistens waren es Frauen. Die waren noch kritischer. Wenn ich gesagt hätte: »Mir liegt schon am Herzen, die Beschäftigung zu halten«, dann hätten die gesagt: »Der Mann ist ungeeignet.«

Die Rollen scheinen schwer vereinbar. Einerseits Chef eines der größten Unternehmen der Welt zu sein, an den Finanzmärkten jedoch nur ein Bittsteller.

Lange war bei uns der Finanzchef für den Umgang mit den Analysten alleine zuständig. Ich dachte: Ich habe so viel zu tun, das tue ich mir nicht auch noch an. Das macht Gott sei Dank der Herr Baumann. Doch die Finanzmärkte wurden in den 1990er Jahren so wichtig, dass ich mich selbst darauf einlassen musste. Mein Schlüsselerlebnis war unser Börsengang in den USA. Wir haben eine große Reise gemacht: zwanzig Gespräche mit Finanzanalysten in vier Tagen, in New York, Boston, Denver und San Francisco. Eine Frau von der Investmentbank, die das organisierte, begleitete mich. Nach dem zweiten Gespräch sagte ich: »Das lief doch ganz gut!« – »Was«, hat sie gesagt, die konnte Deutsch, »das lief gut? Wenn Sie so weitermachen, bringen Sie die ganze Roadshow in Gefahr!«

Was war das Problem?

Ich habe meine Aussagen immer etwas relativiert, denn ich bin der Meinung, dass die Dinge auch immer ganz anders kommen können. Warum soll ich mich als jemand darstellen, der alles weiß? Ich erinnere mich noch, wie die Investmentbankerin im Auto zwischen zwei Meetings mit mir, ja, geschimpft hat: Ich müsste mich anders hinsetzen, auf die Ellbogen gestützt, Kopf aufrecht und nach vorne geneigt: energisch und aggressiv. Ich dürfte nicht sagen: »I'm optimistic.« Das sei im Englischen kein gutes Wort, sondern: »I'm confident!« Ich habe noch gedacht: Was die sich rausnimmt! Beim nächsten Treffen habe ich es halt so gemacht, habe mich hingesetzt und eine Story erzählt: »I'm confident and we will do this and that! And we will achieve our goals! Next question, please!« Beim Rausgehen hat sie mir gesagt: »Dass Sie das so schnell lernen, hätte ich nicht gedacht.«

Lernen Sie schnell?

Na, ja. Wenn ich zu Hause bei meinen österreichischen Eltern so aufgetreten wäre wie damals bei der Roadshow in den USA! Ausgeschlossen! Meine Mutter hat immer gesagt: »Dummheit und Stolz sind aus demselben Holz.« Im Fernsehen hört man das Wort Stolz ständig: Die Menschen loben und brüsten sich selbst.

Sie galten als Deutschlands mächtigster Manager, waren Ratgeber aller Kanzler seit Helmut Kohl, sprachen sogar einmal vor dem UNO-Sicherheitsrat – als bislang einziger Wirtschaftsführer. Darauf sind Sie sicher stolz.

Nein. Wie gesagt: Stolz war bei uns zu Hause ein verbotenes Wort.

Drücken wir es anders aus: Sie freuen sich über Ihre Erfolge.

Ich war positiv gestimmt, wenn etwas gelang, aber ich wusste, am nächsten Tag geht in einem großen Unternehmen gleich wieder was schief.

Sie sind ein sehr guter Tennisspieler. Da zeigt man seine Freude doch immer ostentativ. Wie haben Sie gefeiert, als Sie bayerischer Jugendmeister wurden?

Gar nicht. Ich erinnere mich noch, wie ich allein mit dem Zug von Schweinfurt heim nach Erlangen gefahren bin, den Pokal in der Hand, und gedacht habe: Das war jetzt aber ein schönes Ereignis. Bei meinen Eltern wurde nicht so doll gefeiert. Ich habe nicht mal meine Promotion gefeiert. Ich bin heimgegangen zu meinem Vater und hab gesagt: »Du, heute hat's geklappt.« Aber das war's.

Ist Genugtuung vielleicht treffender für das Gefühl, das Sie bei Erfolgen empfinden?

Auch so ein komisches Wort. Was mir richtig Freude macht: Ich bin ein großer Schwammerlsucher, und wenn ich einen schönen Steinpilz finde, dann löst das Freude aus.

Sie geben sich immer als besonders artig …

… bodenständig.

Ja, aber fast schon harmlos: eben als Schwammerlsucher. Einer Journalistin von der *Zeit* haben Sie sogar eine Tüte Radieschen mitgebracht.

Sie kaufen auf dem Markt ja häufig nur dieses schon einige Tage alte Gummizeug. Die Radieschen aus meinem Garten sind sehr knackig und aromatisch. Biologischer Anbau. Und es war gerade Erntezeit. Meine Frau und ich könnten das gar nicht allein essen.

Uns geht es darum, dass Sie gärtnern.

Schon von klein an. Im Schrebergarten meiner Eltern durfte jedes Kind ein Beet bepflanzen. Seitdem ich eine eigene Familie habe, bin ich aber nur noch für den Gemüseteil zuständig. Und zugegeben: mehr fürs Pflanzen als fürs Pflegen.

Ist das auch Ihre Arbeitsauffassung, eher Pflanzen als Pflegen?

Nein. Es ist umgekehrt. Aber weil ich so viel im Beruf unterwegs war, konnte ich nicht jeden Tag gießen. Ein heißer Tag, und alles ist vertrocknet. Aber ich zupfe Unkraut, das schon.

Hatten Sie nie mal die Sehnsucht, über die Stränge zu schlagen?

Was für eine Frage. Ich habe beobachtet, dass es nie zu etwas führte, wenn jemand einen unkontrollierten Ausbruch hatte. Ich saß ja immerhin 18 Jahre für die CSU im Stadtrat von Erlangen, da habe ich mich auch ab und zu mal ziemlich schlimm aufgeführt. Das war immer falsch. Weil die anderen hinterher zu dir sagen: »Warum hast du das gemacht?« Das nimmt den Argumenten ihre Wirksamkeit.

Wollten Sie nie mal ein bisschen ein draufgängerischer Typ sein? Jack Welch, der zu Ihrer Zeit Chef von General Electric war und mit seinem harten Führungsstil das Managerideal prägte, liebt schnelles Autofahren.

Ich nicht. Meine Reisegeschwindigkeit ist maximal 160 Kilometer die Stunde, was mit einem Audi Avant nicht sehr schnell ist.

Die Frage ist: Wie bodenständig, artig, integer kann man bleiben, wenn man – von den aktuellen Vorwürfen abgesehen – an der Spitze eines Weltkonzerns steht? Handelten Sie nicht eigentlich genauso wie Jack Welch, stellten sich nur anders dar?

Nein, mich hat noch niemand »Neutronen-Heinrich« genannt. Kennen Sie das Wort: »Neutron Jack?« Wissen Sie, warum er so genannt wurde? Der ging durch die Fabriken: Die Wände blieben stehen, die Menschen waren weg, wie nach einer Neutronenbombe. Jack Welch hat auch gesagt: Wenn Sie zehn Leute in ihrer Abteilung haben, müssen Sie immer den Schwächsten rausschmeißen. Und zwar überall. Aus Prinzip. Ich halte das für falsch. Weil: Sie können ja auch mal zehn Gute haben.

Die Aussage dahinter ist: Es gibt keine zehn Guten.

Es gibt immer einen, der der Schlechteste ist, und der muss raus. Dann haben Sie sich verbessert. Das ist natürlich brutal.

Wie würden Sie Ihren Führungsstil beschreiben?

Ich glaube, dass auch in einer Spitzenposition eine Demutshaltung hilfreich ist. Ich war lange bei Siemens für den Umgang mit Energieversorgungsunternehmen zuständig: für die Bayernwerke, Veba, heute Eon, RWE und andere. Die traten immer sehr fordernd auf. Immer war irgendwas bei uns nicht in Ordnung. Wenn Sie ein Kraftwerk bauen, gibt es immer irgendetwas, was nicht auf Anhieb klappt. Das ist eben komplex. Im Zweifel waren wir im Zeitverzug. Und dann werden Sie auch mal nach allen Regeln der Kunst beschimpft. Und wehe, Sie widersprechen. Je weiter man nach Norden kam, desto demütiger musste man sich geben. Da habe ich viel gelernt.

Und wie haben Sie die Kunden beschwichtigt?

Man sitzt da, senkt den Kopf – das konnte ich als Vorstandsvorsitzender auch gut. Man wartet ein bisschen ab und wendet dann die indirekte Methode an. Eines der Seminare bei Siemens, bei denen ich wirklich etwas gelernt habe, hielt Wolfgang Salewski, der damals in Mogadischu mit den RAF-Terroristen verhandelt hat. Salewski sagt: Wenn einer mit Ihnen auf Konfliktkurs geht, sagen Sie nie Nein, sondern geben Sie ihm erst einmal das Gefühl, dass Sie ihn ernst nehmen. Lassen Sie ihn reden. Dann müssen Sie irgendwann anfangen Fragen zu stellen. Sie haben ja nicht ewig Zeit. Alle Wie-Fragen sind erlaubt, Warum-Fragen sind dagegen verboten. »Warum« ist psychologisch eine Aggression.

Weil »Warum« ein pauschales Unverständnis signalisiert?

Ja, »Warum« stellt alles in Frage. Stattdessen müssen Sie sagen: Ja, ich habe verstanden. Wie könnte jetzt eine Lösung aussehen? In welche Richtung wollen wir gehen? Wenn Sie sich daran halten, so nach einer Dreiviertelstunde, werden auch die schwierigsten Kunden ganz normal und konstruktiv.

Demut ist nicht die Eigenschaft, die man mit modernen Managern verbindet.

Das zur Schau getragene Selbstbewusstsein war eine Unsitte in der New Economy – und wo sind ihre Großsprecher jetzt? Gerade als Vorstandsvorsitzender bekommen Sie doch zu spüren, dass das Leben nicht nur aus Siegen besteht, sondern aus vielen, vielen Niederlagen, kleinen und großen. Es gibt jeden Tag welche. Wenn die Stimmung mal sehr gut war, musste ich nur in der Früh drei Leute anrufen und mir berichten lassen, was ihre Projekte machen. Ich wusste genau, wen. Dann war die Stimmung wieder auf normal.

Was hat Sie daran gestört, wenn die Stimmung einmal gut war?

Man darf nicht abheben. Das lernt man im Sport. Wenn ich im Tennis gedacht habe »Jetzt habe ich den!«, dann konnte ich mit Sicherheit davon ausgehen, dass das schlecht ausgehen würde. Das kann man aufs Geschäft übertragen: Ein Auftrag ist erst dann da, wenn die Anzahlung auf dem Konto ist.

Wie geht man mit Niederlagen um? Muss man versuchen, sie einzuordnen?

Es gibt es schon größere Niederlagen, da ist das ein bisschen schwer mit dem Einordnen. Da muss man schon aufpassen, dass man nicht plötzlich in einen Strudel reinkommt, der einen mit wegreißt.

Zum Beispiel?

North Tyneside, unsere englische Chipfabrik, die wir bald wieder schließen mussten. Ein Prestigeprojekt, 1,2 Milliarden Mark teuer. Zusammen mit der Königin habe ich die Fabrik eröffnet. Die Zeitungen waren damals voller schöner Bilder, und Sie wissen genau: Wenn wir die Fabrik jemals schließen müssen, dann kommen die Bilder wieder, denn die Journalisten erinnern sich: Der hat damals eine schöne Rede gehalten, in der er den 50-jährigen Hochzeitstag der Königin erwähnte, vorher natürlich abgestimmt mit dem Buckingham Palace. Ich wusste nicht, ob das nicht zu privat ist. Ja, selbstverständlich dürfen Sie das erwähnen, hieß es aus dem Palast. Da freut sich die Königin, und der Prinz Philip freut sich auch. Sie gratulieren, alle strahlen – wunderbar! Und zwölf Monate später müssen Sie die Anlage mit riesigen Verlusten zumachen. Das ist schon eine etwas größere Niederlage.

Wissen Sie, wie viele Menschen Sie in Ihrem Leben insgesamt entlassen haben?

Nein. Entlassen hört sich auch so an, als würde einer gekündigt. So war es nur ganz selten. Das Wort Personalabbau mag ich auch nicht. Das klingt immer so, als ob Leute abgebaut werden.

Freistellen?

Auch ein schreckliches Wort. Alle Worte sind schrecklich.

Sie haben einmal von der Optimierung der globalen Wertschöpfungskette gesprochen. Das heißt doch nichts anderes: Arbeiter in Deutschland haben am Ende keinen Job mehr.

Das ist mir zu einfach. Vier Arbeitsplätze in China sichern einen Arbeitsplatz in Deutschland. Das ist eine Faustregel, mit der die Automobilindustrie kalkuliert. Bei uns hat sie auch gestimmt. Der Gewinn wird längst zu einem großen Teil woanders verdient, und wir behandeln die Ausländer sowieso schon schlechter. Die Ausländer müssen teilweise unsere Pensionen verdienen, wenn man das mal ganz nüchtern sagt.

Sie sagten mal: Ich muss ja Kapitalist sein. Warum eigentlich?

Ich habe gesagt: Ich muss ja auch Kapitalist sein, Betonung auf dem »auch«.

Aber es zwingt Sie doch keiner dazu, Kapitalist zu sein.

Ich finde, unser marktwirtschaftliches System gibt einem genug Spielraum. Es ist nur eine Frage, wie Sie es handhaben.

Sie gelten selbst als Rationalisierer. In Ihrem Handywerk in Kamp-Lintfort hatten Sie die Arbeitszeit von 35 auf 40 Wochenstunden heraufgesetzt, ohne Lohnausgleich – das war der Anfang vom Ende der 35-Stunden-Woche in ganz Deutschland.

Mir hat das auch nicht gefallen, die IG Metall nimmt mir das bis heute übel. Aber es war keine ideologische Frage. Der zuständige Siemens-Bereich wollte die Arbeitsplätze nach Ungarn verlagern, ich wollte das verhindern. Ich bin der Meinung, dass es schwierig ist, Menschen Geld wegzunehmen. Jeder hat sich auf einen bestimmten Betrag eingestellt, jeder hat seine persönlichen Umstände. Aber für denselben Lohn länger zu arbeiten finde ich prinzipiell zumutbar. Ich arbeitete damals im Übrigen 70, 80 Stunden die Woche.

Dafür haben Sie in Ihrem letzten Jahr als Vorstandsvorsitzender auch vier Millionen Euro verdient – das ist das Hundertfache eines Siemens-Arbeiters.

Mein letztes Jahr war ein sehr ertragreiches Jahr für Siemens. Sonst waren es eher 2,5 Millionen. Ich habe als Vorstand mit 300 000 oder 400 000 Mark begonnen. Heute verdient ein Siemens-Vorstand zehn Millionen Euro – das ist eine ganz andere Liga. Damals sagte mir der Aufsichtsratsvorsitzende: Passen Sie auf, an Ihrem Gehalt werde ich erstmal nichts ändern. Ich bin überhaupt nicht auf die Idee gekommen, mit ihm darüber zu debattieren. Man hätte mir im Übrigen das doppelte, auch dreifache Gehalt bieten können, ich hätte Siemens nie verlassen.

Wie sah ein typischer Tag als Vorstandsvorsitzender aus?

Um sechs, halb sieben bin ich aufgestanden. Ich fing nie später als sieben Uhr in der Früh an zu arbeiten, die erste Stunde saß ich an meinem Schreibtisch in meiner kleinen Wohnung in München. Abends habe ich um zehn, halb elf aufgehört, so viel ich auch zu tun hatte. Sonst konnte ich nicht schlafen. Ich konnte nicht einfach die Akten zumachen und ins Bett gehen. Man hat den ganzen Tag irgendwelche Leute um einen herum. Immer ist irgendeine Besprechung, immer irgendwas unerledigt, viele, viele Telefongespräche, dazu noch die Kunden, die wollen auch immer noch etwas. Und dann fragten mich Journalisten manchmal: Bilden Sie auch die richtigen Prioritäten? Dann sagte ich: Zehn Punkte hatte ich heute. Sagen Sie mir mal, welches die richtige Priorität gewesen wäre.

Die Kritik richtete sich damals gegen Ihre vielen Auslandsreisen.

Das habe ich wirklich noch nie gehört. In meiner Zeit ist aus einem vorwiegend deutschen ein globales Unternehmen geworden. Nur zwei Beispiele: Als ich als Vorstandsvorsitzender 1992 begann, hatten wir ein paar dutzend Mitarbeiter in China. Heute sind es über 40 000. Und in den USA erfolgte eine ähnliche Entwicklung. Die letzte mir bekannte Mitarbeiterzahl lag dort bei 70 000. So ein Aufbau geht nicht vom Schreibtisch aus, da muss man schon aktiv sein.

Was heißt das, aktiv sein?

In unserem Geschäft läuft vieles über persönliche Kontakte. In Abu Dhabi wartete zum Beispiel einmal einer der dortigen Scheichs extra am Flughafen auf mich. Der kam gerade von der Falkenjagd. Wir haben überhaupt nicht über das Geschäft geredet. Mir wurde später erzählt, wie er nach unserem Treffen zu seinen Leuten gesagt hat: Sympathischer Kerl, gibt es irgendeinen Auftrag, den wir Siemens geben können? Dann bekamen wir ein Krankenhaus über 40 Millionen.

Über was haben Sie denn geredet?

Über die Falken, über Politik, über Israel, den Iran, Deutschland. Offenbar habe ich den richtigen Ton gefunden. Man darf dort nicht zu unterwürfig erscheinen und nicht zu selbstbewusst. Ich konnte bei den Gesprächen eine Menge lernen.

Mussten Sie erst lernen, sich in dieser Welt zu bewegen?

Ja, aber es war nicht so schwer. Die Grundregel ist, erst einmal zuzuhören. Was nicht unbedingt eine deutsche Eigenschaft ist. Wir gehen lieber hin und sagen: Wir haben heute fünf Punkte, die wir erledigen wollen. Und fangen gleich mit Punkt eins an. Für die Franzosen müssen wir manchmal unerträglich sein. Wir reisen in der Früh an. Dann haben wir schon gar keine Zeit, mit denen richtig zum Essen zu gehen. Stattdessen wollen wir unsere fünf Punkte abhandeln. Und wenn der Franzose sagt: »Jetzt gehen wir noch zum Abendessen«, dann sagt der Deutsche: »Nein, mein Flieger geht um sechs«.

Und dann fliegt man raus, und der Stress ist plötzlich weg – fehlt er Ihnen?

Es ist eine Umstellung, aber die trifft alle Leute, die in Pension gehen. Bei Siemens habe ich viele erlebt, auch Vorstände, die ähnlich viel gearbeitet haben wie ich und von einem Tag auf den anderen auf null gestellt waren.

Sie sind jetzt Honorarprofessor an der Nürnberger Universität.

Ja, dort gebe ich ein Seminar. Das letzte Rahmenthema lautete: Management in der Krise, mit praktischen Beispielen wie Arcandor, Deutsche Bank, Daimler, Thyssen-Krupp. Außerdem berate ich einige Unternehmen und sitze im Aufsichtsrat von Hochtief und bei dem türkischen Konzern KOC. Ich bin gut beschäftigt.

Es heißt, Ihre Studenten dürften Sie alles fragen – auch über Siemens.

Es gibt am Ende eine Fragestunde nach dem Motto: Alles, was Sie schon immer einmal wissen wollten. Da geht es auch schon mal um die Bestechungsvorwürfe.

Halten Sie das Bußgeld von einer Milliarde für angemessen, das Siemens in den USA zahlen muss?

Ich kann nicht bewerten, was in den USA möglich gewesen wäre. Die Börsenaufsicht SEC ist natürlich angeschlagen. Die kann zur Zeit schwerlich ein ausländisches Unternehmen, dessen Korruptionsfälle im Grunde gar nicht in den USA stattgefunden haben, sondern ganz woanders, in den Mittelpunkt ihrer Anstrengungen stellen, wenn die Banken vor ihrer Haustür diese gewaltige Kreditkrise ausgelöst haben. Aber wie der Betrag zustande gekommen ist, entzieht sich meiner Kenntnis.

Wären die Schmiergeldzahlungen ein Jahr später herausgekommen, wären sie womöglich gar nicht zur Affäre geworden. Sie hatten Pech.

Nein, nein. Ich fand es schon gut, dass alles so früh wie möglich herauskam.

Ihre beiden Söhne arbeiten bei Siemens. Haben die nie darüber nachgedacht, dort aufzuhören?

Nein, beide sind in der Medizintechnik. Dort war schon ihr Großvater, die Geschichten, die er erzählte, haben sie immer fasziniert. Außerdem arbeitet einer in Amerika, da spielt mein Fall überhaupt keine Rolle.

Welchen persönlichen Schluss ziehen Sie aus den vergangenen beiden Jahren?

Man muss aufpassen, dass man auf seine alten Tage nicht zynisch wird. Aber ich bleibe ein optimistischer Mensch, der sich am Leben freut.

Margret Suckale
»Von Frauen höre ich: ›Wir bedauern dich‹«

Margret Suckale war zeitweise allein unter 533 Männern: Die einzige Frau in einem Vorstand der hundert umsatzstärksten Unternehmen Deutschlands.
Margret Suckale trägt einen Regenmantel, Pumps und zieht einen Rollenkoffer durch das Foyer des Bahn-Towers am Leipziger Platz in Berlin. Groß ist sie. Sehr schlank. Sie lächelt, als man sie anspricht, und zieht dabei die Nase kraus. So hat man sie noch nie gesehen. Dafür war der Anlass immer viel zu ernst, zu dem sie im Fernsehen auftrat. Wenn Margret Suckale in der »Tagesschau« auftauchte, war zu befürchten, dass die Republik stillstehen würde. Dann hatten sich die Deutsche Bahn und die Lokführergewerkschaft GDL wieder einmal nicht geeinigt.
Margret Suckale, 53, Juristin aus Hamburg, zwischen 2005 und 2008 Personalvorstand bei der Deutschen Bahn, war das Gesicht des so genannten Lokführerstreiks 2007, des längsten Tarifkonflikts in der Geschichte der Bahn. Jetzt wechselt sie zum Chemiekonzern BASF, was in den Medien mit der Datenaffäre bei der Bahn in Verbindung gebracht wurde. Sie bestreitet das: Sie habe einen Wechsel schon länger geplant. Es ist in jedem Fall einer ihrer letzten Tage bei der Bahn, an dem man sie trifft. Margret Suckale setzt sich ans Kopfende des großen Konferenztisches, von dem aus man über den Osten Berlins blickt.

Wie erklären Sie sich, dass in den Vorständen von Deutschlands hundert größten Unternehmen zurzeit nur eine Frau sitzt?
Ich komme nicht richtig dahinter, woran es liegt. Die Offenheit, Frauen in Führungspositionen zu befördern, ist viel größer geworden. Bei der Deutschen Bahn gibt es viele Frauen in Bereichsleiterpositionen. Doch generell erreichen im Vergleich zum Anteil der Uni-Abgängerinnen noch zu wenige Frauen Führungspositionen. An irgendetwas fehlt es noch. Mein Eindruck ist, dass Frauen sich letztlich leichter abschrecken lassen.
Scheuen Frauen Machtkämpfe an der Spitze von Unternehmen?
Ich lese auch immer in den Zeitungen vom angeblichen Hauen und Stechen im Management. Zum Glück habe ich das aber nie so erlebt. Mittlerweile habe ich den Eindruck, das sind Muster, die der Öffentlichkeit gefallen.

Zum Beispiel Schell gegen Mehdorn – der ehemalige Chef der Gewerkschaft Deutscher Lokführer gegen den ehemaligen Vorstandschef der Deutschen Bahn.

Selbst derjenige, der nicht in der Wirtschaftswelt zu Hause ist, kann sich etwas darunter vorstellen. In dem Sinn: »Ich habe ja auch immer Stress mit meinem Kollegen Karl.« Das kommt überall vor, das versteht jeder.

Was sind denn Ihrer Erfahrung nach die wirklichen Härten auf den Vorstandsetagen?

Die Kritik, auch von der Öffentlichkeit, die man einstecken muss. Die mal berechtigt, aber natürlich häufig auch nicht berechtigt ist.

Männer sind da unempfindlicher.

Männer nehmen die Kritik vielleicht eher in Kauf, aber sie haben auch mehr Leidensgenossen. Wer einer Minderheit angehört, und das tut man leider als Frau an einer deutschen Unternehmensspitze, fällt automatisch auf. Ich habe mir nie eingebildet, dass ich ein Vorbild für Frauen wäre, aber in der letzten Zeit habe ich öfter von Frauen »Wir bedauern dich« als »Wir beneiden dich« gehört.

Fragen Sie sich manchmal: »Warum tue ich mir das an?«

Natürlich. Ich weiß auch von vielen Führungskräften, dass sie das tun. Heute ist der Gedanke durchaus erlaubt: »Selbstverständlich ist es schön, Karriere zu machen. Aber nicht um jeden Preis.«

Würden Sie sich als Karrierefrau bezeichnen?

Nein. In meiner Generation hat das Wort einen negativen Beiklang. Karrierefrauen waren die mit den Haaren auf den Zähnen. Selbst das Wort Karriere hätte ich früher nie in den Mund genommen.

Weil es nach undifferenziertem Ehrgeiz klingt?

Für mich klingt es ein bisschen nach »Ich will mich hervorheben«. Bei Mobil Oil, einem amerikanischen Unternehmen, für das ich zwölf Jahre lang gearbeitet habe, ist mir klar geworden: Jeder hat eine »Career«. Die Career im amerikanischen Sinne bedeutet dort schlicht beruflicher Werdegang – auch wenn Sie ein Leben lang in derselben Abteilung arbeiten.

In Ihrem Fall ist es mehr.

Obwohl das nicht mein Ziel war. Früher ging es mir eher darum, wie ich Beruf und Familie vereinbaren kann. Deshalb wollte ich als Richterin in die Hamburger Justiz. In den 1980er Jahren gab es dort schon die ersten Teilzeitmodelle. In die Wirtschaft kam ich nur durch Zufall: Ich bin zu Mobil Oil gegangen, um als Juristin das zu lernen, was man unternehmerisches Denken nennt. Viele Zufälle bestimmen den Weg, den eine Karriere nimmt. Die sollte man ruhig zulassen. Deshalb halte ich auch überhaupt nichts davon, wenn man junge Leute fragt: »Wo möchten Sie in zehn Jahren stehen?«

Eine klassische Frage im Einstellungsgespräch.

Zu Auszubildenden der Bahn habe ich einmal gesagt, dass ich diese Frage für nicht sehr intelligent halte. Eine ehrliche Antwort wäre wohl bei vielen, dass sie Beruf, Familie und Freizeit unter einen Hut bekommen möchten. Das trauen sich Bewerber aber häufig nicht zu sagen, weil sie meinen, es könnte von Nachteil für sie sein. Also werden sie im Zweifel sagen, dass sie weiterkommen und Mitarbeiter führen wollen. Irgend so etwas. Doch wenn man in ein Unternehmen eintritt, kennt man die Positionen dort noch gar nicht. Man fordert da eine Antwort auf etwas, das sich ein Berufseinsteiger noch gar nicht vorstellen kann.

Kann man nicht nur das erreichen, wovon man sich eine Vorstellung machen kann, auch wenn sich die Vorstellung als falsch erweist?

Das glaube ich nicht. Ich wollte zum Beispiel bei Mobil Oil immer sehr gerne als Legal Counsel …

… Justiziarin …

… nach London. Mir wurde aber eine Stelle als Personalverantwortliche in Wien angeboten. Ich hätte sie fast abgelehnt, weil Wien eben nicht London ist. Dann hätte ich mich um mit die besten Jahre meines Berufslebens gebracht. Ich wurde in Wien Personalchefin für das österreichische und das gesamte osteuropäische Geschäft. Nach London bin ich dann später gekommen. Wenn ich meinen Plan verfolgt und die Stelle in Wien abgelehnt hätte, hätte ich als unflexibel gegolten. Ich versuche immer, jüngeren Leuten klarzumachen, wie wichtig es ist, flexibel und offen für Ungeplantes zu sein.

Sie sind früh in Frauennetzwerke reingegangen. Das macht man doch nur wegen der Karriere.

Ich war nur in einem Frauennetzwerk, dem »European Women's Business Network«, weil ich ganz am Anfang meines Berufslebens stand und unsicher war. Viel aktiver war ich damals aber bei den Hamburger Wirtschaftsjunioren, einem gemischten Netzwerk, zwei Jahre sogar als Vorsitzende. Generell finde ich es schade, wenn Frauen sich nur in Frauennetzwerken austauschen.

Weil Frauen sich in Frauennetzwerken selbst ausgrenzen?

Da muss man zumindest aufpassen. Ich halte aber auch Männernetzwerke für wenig sinnvoll. Ich bin bei den Rotariern und weiß, dass es immer noch Rotary Clubs gibt, in denen Frauen nicht zugelassen sind. Das ist einfach nicht mehr zeitgemäß.

Ging es damals in den Frauennetzwerken darum, wie man sich in der Berufswelt behauptet?

Auch. Damals hörte man noch häufiger, wenn auch hinter vorgehaltener Hand, den Satz: »Die ist ja eh nur zwei, drei Jahre da. Dann bekommt sie ihre Kinder und scheidet aus.« Ich habe das zum Glück nie erlebt. Das lag sicher auch daran, dass ich in einem amerikanischen Unternehmen tätig war. Die Amerikaner waren, was die Gleichstellung von Frauen, aber auch die Gleichstellung von ethnischen Minderheiten und Altersgruppen angeht, schon viel weiter. Sie geben sich harte Regeln, die tatsächlich helfen. Zum Beispiel keine Altersangabe mehr, weder in Veröffentlichungen noch im Lebenslauf. In Deutschland steht im Lebenslauf direkt unter dem Namen das Geburtsdatum. Und wer über 50 ist, wird häufig gleich ausgemustert.

Aber gerade das amerikanische Managerideal ist sehr männlich. Der Inbegriff dafür ist Jack Welch, der ehemalige General-Electric-Chef.

Ich weiß nicht, wie hart Jack Welch im Umgang wirklich war. Er hat natürlich harte Entscheidungen getroffen. Sein Buch *Winning* hat mich so beeindruckt, dass ich es sogar meinen Mitarbeitern zu Weihnachten geschenkt habe. Jack Welch propagiert sehr stark Transparenz und Ehrlichkeit gegenüber den Mitarbeitern, was ich für richtig halte. Wir tendieren ja manchmal dazu, alle gleich zu behandeln, aus Angst, jemandem auf die Füße zu treten. Zum Beispiel hatten wir bei Mobil Oil ein quotiertes Beurteilungssystem. Da konnten nur 15 Prozent aller Mitarbeiter zu den Besten zählen. Das heißt, man musste eine Unterscheidung vornehmen, und das war manchmal viel hilfreicher für die Mitarbeiter, als zu sagen: »Ihr seid alle gleich gut.« Ebenso unfair ist es, was ich auch erlebt habe, dass Menschen mit 55 ihren Job verloren haben und man ihnen plötzlich sagte: »Du hast das und das immer falsch gemacht.« Das hörten sie dann zum ersten Mal.

Fühlten Sie sich mal zu sehr in einen Topf geworfen?

Im Gegenteil. Schon bei Mobil Oil wurde sehr an den Stärken der Mitarbeiter gearbeitet. Es gab nie »Schwächen«, sondern immer nur »Verbesserungspotential«; die Wortwahl, die man vielleicht für eine Kleinigkeit hält, ist nicht unerheblich.

Was galt als Ihre Stärken?

Dass ich mich sehr tief reinknie. Und jemand bin, der gerne in Teams arbeitet und kein Machtgebaren ausstrahlt. Natürlich muss man auch mal ein Machtwort sprechen. Es gibt Menschen, die sehr auf Harmonie achten. Manche opfern für diese Harmonie alles und werden über den Tisch gezogen. Wenn ein Mitarbeiter zum Beispiel nicht loyal ist, können Sie ihn ein-, zweimal darauf hinweisen. Vielleicht ist ihm nicht bewusst, dass er illoyal wirkt. Ich habe neulich einer Gruppe von jungen Frauen gesagt: »Letztlich müsst ihr aber bereit sein, einen nachweislich illoyalen Mitarbeiter rauszuschmeißen.« Das ist ein wichtiges Signal für alle anderen.

Tun sich Frauen damit schwerer als Männer?

Auch Männer gehen Konflikten gelegentlich aus dem Weg, bis es zu spät ist. Das ist schade, denn gemeinsam einen Konflikt zu lösen schweißt zusammen. Wenn ich mal mit jemandem aneinander geraten bin und wir den Konflikt offen, durchaus auch heftig ausgetragen haben, dann kommt man anschließend bestens miteinander klar.

Wurde es bei Ihnen bei der Deutschen Bahn manchmal laut?

Absolut …

… auch im Vorstand?

Natürlich. Ich habe das bei der Bahn auch immer sehr geschätzt. Wir haben uns im Vorstand sehr intensiv miteinander auseinandergesetzt, aber nie ist einer beleidigt gewesen.

Sie wirken nicht so, als ob Sie leicht beleidigt wären.

Ich bin auch nur ein Mensch. Wenn jemand mir etwas vorwirft, was ich ungerecht finde, dann bin ich nicht beleidigt, ich würde eher sagen: enttäuscht. Aber man kommt mit zunehmender Erfahrung schnell darüber hinweg. Man darf auch mal sagen, dass man enttäuscht ist, aber man darf es natürlich nicht kultivieren und dann dauerbeleidigt sein. Das geht nicht. In einem komplexen Unternehmen, in dem schnelle Entscheidungen getroffen werden müssen, tritt jeder einem anderen schon mal auf den Fuß. Das lässt sich kaum vermeiden. Und wenn sich dann eine Kultur entwickelt unter dem Motto: »Mit dem rede ich nicht mehr, weil der mir mal blöd gekommen ist!«, dann dürfte theoretisch irgendwann keiner mehr mit keinem reden.

Sie wurden im Lokführerstreik vor zwei Jahren vom Chef der Lokführergewerkschaft GDL, Manfred Schell, auch persönlich angegriffen. Im *Stern* nannte er Sie damals eine Außerirdische.

Ich habe das Interview mal nachgelesen. Da sagte er: »Im Vorstand der Bahn sind eben generell nur noch Außerirdische.« Nach dem

Motto: Die kommen alle von draußen und haben keine Ahnung von der alten Bahn mehr. Das war gar nicht auf mich allein gemünzt. Die Medien hatten aber kein Interesse an sieben Außerirdischen, sie wollten halt einen oder maximal zwei Außerirdische: Mehdorn und mich.

In der Fernsehsendung »Anne Will« hat Schell die Augen verdreht, wenn Sie sprachen.

Das habe ich in der Situation zum Glück nicht gesehen. Aber ich glaube, dass er damit nicht gepunktet hat.

War es leichter für Sie, über Schells Beleidigungen zu stehen, weil er sich selbst damit unmöglich gemacht hat?

Nein, ich habe immer versucht, auf der sachlichen Ebene zu bleiben. Ich bin nie ausfallend geworden, obwohl ich natürlich auch manchmal verärgert war.

Der Lokführerstreit zog sich ein Jahr hin. Er war der längste Tarifkonflikt in der Geschichte der Bahn. Manfred Schell ging zwischendurch in Kur, was ihn wieder viele Sympathien kostete.

Ja, aber dieser Konflikt war schon eine wahnsinnige Belastung. Wir alle konnten beispielsweise keinen Urlaub nehmen. An Weihnachten wollte ich einmal kurz verreisen, wurde aber am ersten Tag wieder zurückgerufen, weil die GDL für den 7. Januar mit Streik gedroht hatte. Am 5. Januar ist dann mein Vater gestorben.

Überraschend?

Er war im Krankenhaus, schien aber auf dem Weg der Besserung. Ich saß an dem Tag in Verhandlungen, damals beim Verkehrsminister. Am Abend bin ich nach Hamburg gefahren, um ihn zu besuchen. Und als ich ankam, war er gerade gestorben.

Haben Sie sich Vorwürfe gemacht, dass Sie nicht mehr Zeit hatten, um sich um ihn zu kümmern?

Nein, ich war oft da. Die Zugverbindung von Berlin nach Hamburg dauert zum Glück nur 90 Minuten. Das war alles sehr traurig. Im Grunde aber habe ich erst nach und nach begriffen, dass mein Vater nicht mehr da ist. Ich glaube, das ist immer so, wenn man nahe Angehörige verliert. Man trauert zeitverzögert. Ich habe mir nach dem Tod meines Vaters zwei Tage frei genommen, dann saß ich wieder am Verhandlungstisch.

Sie haben im Streik auch das unorthodoxe Verfahren der Mediation eingesetzt.

Ich bin ein großer Freund von Mediation, weil in einer guten Mediation die Parteien selber ihre Lösung finden – unter Anleitung von unparteiischen Dritten. Wir hatten zu dem Zeitpunkt schon alles andere versucht, also sagten wir uns: »Vielleicht kommen unabhängige Dritte auf Ideen, die uns weiterbringen.« Schließlich bekommen beide Seiten nach ein paar Monaten Verhandlungen zwangsläufig einen Tunnelblick.

In einer Mediation gibt es eine Phase, in der nur Fragen gestellt werden dürfen. Was hat Manfred Schell gefragt?

Eine der Spielregeln ist, dass man sich zuhört und nicht immer gleich dagegen wettert, wenn ein Argument kommt, das man nicht akzeptieren will. In der Phase, von der Sie sprachen, sagt man nicht: »Nein, das ist aber nicht blau!«, sondern: »Warum magst du die Farbe blau so gerne?« Was gefragt wurde, möchte ich Ihnen nicht sagen, denn zu einer guten Mediation gehört Stillschweigen.

Mediation klingt wie eine Frauenmethode, um die männlichen Aggressionen einzufangen …

Das ist Unsinn. In Harvard, wo ich mehrere Kurse zu dem Thema besucht habe, gibt es viele männliche Professoren, die dazu forschen. Es ist natürlich kein kämpferischer Ansatz in dem Sinne: »Wir kreuzen unsere Waffen, und einer wird am Ende am Boden liegen«, sondern die Idee ist: »Wir lassen unsere Waffen im Schrank und versuchen so, eine Lösung zu finden.« Das ist nicht immer möglich. Das muss man auch klar sagen. Manche Leute sind einfach so überzeugt von ihrer Position, dass sie nicht bereit sind, auch nur ein bisschen nachzugeben.

Waren Sie sich bewusst, was für eine Profilierungschance der Streik für Sie bietet? Sie waren ständig in der *Tagesschau.*

Ich sah zunächst vor allem die Gefahr, dass ich als diejenige dastehe, die den Streik nicht verhindern kann. Denn wenn bei der Bahn gestreikt wird, ist das ganze Land betroffen. Wir hatten als Strategie im Haus besprochen, dass nicht Hartmut Mehdorn, sondern ich nach vorne gehe. Manfred Schell wollte natürlich die Konfrontation mit der Nummer eins im Konzern, denn das hätte für ihn mehr Prestige bedeutet. Doch ich war damals Personalvorstand und damit zuständig.

Sie sind am Ende zur Managerin des Jahres gewählt worden.

Das hatte ich nicht erwartet. Ich wäre gerne in der zweiten Reihe geblieben, das können Sie mir glauben. Es ist schon eine große Belastung, in der Öffentlichkeit zu stehen, gerade auch für die Angehörigen. Da steht man im Feuer. Das habe ich auch in meinem letzten halben Jahr bei der Bahn wieder erlebt.

Meinen Sie die Datenaffäre bei der Bahn, bei der auch Ihr Name in der Zeitung stand? Sie hatten angeblich Kontakt zu einer fragwürdigen Detektei.

Das ist nicht richtig, weil ich gar keinen Kontakt zu der Detektei hatte. Die Bahn hatte damals mehrere große Korruptionsfälle und deshalb schon frühzeitig eine eigene Einheit aufgebaut, um Korruption wirksam zu bekämpfen. Dazu hatte sie sogar den führenden Staatsanwalt auf dem Gebiet eingestellt. Ich hatte immer den Eindruck, dass die Korruptionsbekämpfung ausschließlich mit legalen Mitteln erfolgte. Auch deshalb, weil die Bahn die Fälle immer gleich an die Staatsanwaltschaft gegeben hat. Ein Staatsanwalt nimmt gar keine illegal erlangten Beweise an.

Die Spitzelaffären, die im vergangenen Jahr nicht nur die Bahn, sondern auch die Telekom, die Deutsche Bank, Lidl betrafen, zeugen von einer Unternehmenskultur, die öffentliche Kritik nach sich ziehen muss.

Das bestreite ich gar nicht. Spitzelei will ja keiner, weil es Misstrauen schürt. Aber klar ist auch, wenn es einen Korruptionsverdacht gibt, muss man handeln. Wenn man den auf sich beruhen lässt, ist das ein Straftatbestand.

Die Spitzelaffären werden sinnbildlich für einen gewissen Hochmut mancher Manager genommen, die sich an kein Gesetz mehr gebunden fühlen. Manager waren ja in Deutschland lange unantastbar. Jetzt ist das Image umgeschlagen.

Man muss wieder zu einem realistischen Bild kommen, was Manager wirklich leisten können, und die allermeisten leisten sehr viel. Klar, sie machen auch Fehler. Manager sind Menschen, die große Erfahrung und ein gewisses Talent gezeigt haben und bereit sind, sich Tag und Nacht für ihr Unternehmen einzusetzen.

Haben Sie Privatleben?

Ja, und da lege ich auch Wert drauf. Als ich noch im Ausland war, sind mein Mann und ich an allen Wochenenden immer zum anderen gependelt. Ich treffe auch regelmäßig Freunde.

Können Sie überhaupt abschalten?

Das geht ganz gut. Schwierig ist es nur, wenn ich nachts mal aufwache. Dann dreht sich das berühmte Rädchen in meinem Kopf. Aber ich habe zum Glück in meiner Studentenzeit autogenes Training gelernt. Das hilft mir dann sehr. Ich merke am nächsten Morgen, dass ich gar nicht weit gekommen bin mit den mentalen Übungen, weil ich sofort wieder eingeschlafen bin.

Warum haben Sie damals autogenes Training gelernt?

Vor Klausuren war ich natürlich aufgeregt. Meine Mutter hatte schon autogenes Training gemacht und hat es mir empfohlen.

Machen Sie autogenes Training auch vor dem Einschlafen?

Abends bin ich erst einmal so kaputt, dass ich sofort einschlafe. Wenn ich nachts mal aufwache, habe ich zwei Rezepte. Entweder autogenes Training, oder ich stehe auf und lese eine leichte Lektüre.

Kommen Sie nur in diesen Nächten zum Lesen?

Ich stelle schon fest, dass meine Konzentration zum Lesen in sehr angespannten Phasen nachlässt. Aber ich habe immer Bücher, die ich gerade lese. Sehr gerne humorvolle, spannende Romane. Der Wallstreet-Roman *Fegefeuer der Eitelkeiten* von Tom Wolfe ist mein Lieblingsbuch. Ich glaube, Eitelkeit spielt in der Wirtschaft schon eine große Rolle.

Was ist Ihr Antrieb, Eitelkeit? Eine Lust an der Macht?

Sicherlich ist es schön, Einfluss zu haben und Dinge verändern zu können.

Es gibt ja auch ein an sich lustvolles Verhältnis zur Macht: So stellt man sich Nicolas Sarkozy vor, Gerhard Schröder. Die scheinen die großen Autos, die repräsentativen Häuser zu genießen.

So etwas brauche ich nicht. Ich habe immer in eher kleinen Wohnungen gewohnt, denn als Manager rechnet man damit, dass man umziehen muss. Ich fahre privat auch ein relativ kleines Auto.

Ist das typisch weiblich?

Weiß ich nicht. Frauen gehen jedenfalls häufig auch sehr sparsam mit Betriebsmitteln um. Ich bin heute mit der S-Bahn gekommen. Das mache ich öfters. Natürlich fahre ich auch gerne mit dem Auto. Meine Zufriedenheit ziehe ich aber aus anderen Dingen. Zum Beispiel, dass ich bei der Bahn entscheiden konnte, dass wir jährlich 500 Jugendliche, die sonst keinen Ausbildungsplatz gefunden haben, auf den späteren Beruf vorbereiten. Oder dass zwölf Prozent unserer neu Einzustellenden über 50 Jahre alt waren. Die Benachteiligung von Älteren ist ein mindestens genauso gravierendes Problem wie die Benachteiligung von Frauen.

Haben Sie selbst als Frau irgendwo mal irgendeine Art von Benachteiligung erfahren?

Eigentlich nicht. Wo könnte das gewesen sein? In der Familie – überhaupt nicht. Meine Eltern standen immer hundertprozentig hinter mir.

Und haben Ihnen auch kein Rollendenken vermittelt.

Gar nicht. Sie hatten aber auch keinen übertriebenen Ehrgeiz. Wenn ich gesagt hätte: Ich studiere nicht, sondern mache eine Lehre, hätten das meine Eltern auch gut gefunden. In der Schule konnte ich nicht als Mädchen benachteiligt werden, denn es waren nur Mädchen da.

Sie waren auf einem Mädchengymnasium?

Ja, mit zehn Jahren wollte ich unbedingt auf ein Mädchengymnasium. Es lag auch am nächsten zu unserer Wohnung. Dann kam natürlich das Alter, in dem wir es langweilig fanden, weil wir dachten, wir verpassen irgendwas. Aber im Nachhinein muss ich sagen: uns hat das überhaupt nicht geschadet. Die meisten meiner früheren Klassenkameradinnen stehen heute im Berufsleben: als Ärztinnen, Juristinnen oder Lehrerinnen.

Das ist erstaunlich: Ausgerechnet Sie, die von einer Mädchenschule kommen, mögen es heute nicht, wenn Frauen unter sich sind.

Das stimmt nicht. Es gibt Phasen im Leben, in denen das guttun kann.

Geschützte Räume?

Es gibt Themen, die unter Frauen vielleicht besser besprochen werden können, beispielsweise die Vereinbarkeit von Familie und Beruf. Oder wenn jüngere Frauen sagen: »Ich werde nicht ganz für voll genommen.« Das war früher auch mal ein Thema für mich, heute jedoch nicht mehr. Themen für mich sind: Wie kommen wir durch die Krise? Wie können wir Arbeitsplätze erhalten? Welche Programme helfen uns, die Mitarbeiter zu motivieren?

Belächelt fühlten Sie sich doch schon mal?

Nein, ich wundere mich höchstens über Aussagen wie: »Frauen sind auch Menschen und müssen auch eine Chance haben.« Aber das hört natürlich irgendwann auf. Wir hatten zum Beispiel bei der Bahn einen Managerinnenclub. Ich habe den Kolleginnen empfohlen, auch männliche Kollegen aufzunehmen. Auch viele Männer sind heute daran interessiert, Familie und Beruf zu vereinbaren. Ich glaube, wir kommen deswegen nicht weiter mit der Gleichstellung, weil die Frauenbeauftragte immer eine Frau ist. Ich bin mir sicher, wenn Männer häufiger Gleichstellungsbeauftragte wären und das Thema zur Chefsache gemacht würde, gäbe es mehr Frauen in herausgehobenen Positionen.

Hartmut Mehdorn galt als Ihr Förderer. Ohne geht es nicht als Frau.

Jeder, auch ein Mann, braucht Förderer. Und zwar mehr als nur einen. Mehrere im Unternehmen müssen Ihnen etwas zutrauen und Sie unterstützen. Deswegen bin ich skeptisch, ob spezielle Frauenförderungsprogramme wirklich etwas bringen. Ich glaube, es tut Männern wie Frauen gut, wenn sie gefördert werden. Ich glaube auch, dass Frauen Mentorinnen von Männern sein sollten und umgekehrt.

Ist Angela Merkel als Kanzlerin ein Vorbild für die Frauen?

Mir gefällt sehr, wie souverän sie als oberste Frau des Staates auftritt, auch wenn ich mit ihrer Politik nicht immer übereinstimme. Nur ob sie ein Vorbild für alle Frauen ist, da bin mir nicht so sicher. Ihre Position ist so einzigartig, dass sich die wenigsten mit ihr identifizieren können. Außerdem ist sie promovierte Naturwissenschaftlerin. Davon haben wir in Deutschland leider nur sehr wenige. Und sie hat sich in der Politik durchgesetzt.

Die Fernsehmoderatorin Gabi Bauer sagte mal, dass man Eines niemals darf, wenn man als Frau im Berufsleben ernst genommen werden will: weinen.

Jeder kommt in Situationen, in denen man emotional in einer Art und Weise reagiert, wie man es eigentlich nicht will. Nehmen Sie nur Bill Clinton, der weinte immer wieder einmal. Generell bekommt der eine vielleicht eher Schweißausbrüche, ein rotes Gesicht oder ringt nach Luft. Der andere tendiert womöglich dazu, zu weinen. So be it! Weinen ist vielleicht auch eine Altersfrage. Ich denke, dass ich mit 30 eher mal geweint habe als jetzt mit 50.

Haben Sie im Beruf mal geweint?

Ja, immer wenn ich mich von guten Kollegen verabschieden musste, da habe ich schon Tränen in den Augen.

Aber aus Enttäuschung geweint?

Nein, aber ich bin leicht gerührt. Ich weine auch mal im Kino und eben in Abschiedssituationen.

Man darf aus Rührung weinen, aber nicht wegen einer Niederlage. Für einen Politiker wäre es die größte Katastrophe, wenn er nach einer Wahlniederlage weinen würde.

Aber wie viele Fußballspieler weinen denn, wenn sie ein Spiel verlieren? Die sitzen auf dem Rasen und weinen. Es hat sich viel verändert in den Rollenbildern, auch im Management. Die unfehlbare Manager-Generation, die immer nur top, top, top war, immer das Ergebnis gesteigert hat, gibt es nicht mehr. Manager geben sich menschlicher. Soziale Kompetenz und Führungsverhalten werden immer wichtiger.

Können Sie etwas mit dem Begriff »Emotionale Intelligenz« anfangen?

Ich bin da kein Spezialist. Ich stelle nur immer wieder fest, dass Fachkompetenz allein heute nicht ausreicht. Ein Manager muss in der Lage sein, Wachstumsstrategien zu entwickeln und gleichzeitig seine Leute mitnehmen können. Er muss ein guter Zuhörer sein, eine Atmosphäre des Vertrauens schaffen und ein Gefühl für Mitarbeiter entwickeln.

Gefühl ist Ihrer Ansicht nach auch in der Wirtschaft wichtig.

Ja. In der Krise wird offensichtlich, wie viele Strategien eben nicht aufgegangen sind. Was haben wir an fehlgeschlagenen Joint Ventures und gescheiterten Geschäftsmodellen alles erlebt. Da sind Fehler gemacht worden von Leuten, die eigentlich sehr viel mitgebracht haben: an Erfahrung und auch gutem Willen. Insofern ist es nicht falsch, sich auch vom Gefühl leiten zu lassen. Häufig bespricht man eine Entscheidung und geht dann mit dem Gefühl raus, sie ist doch falsch. Es passt nicht. Dann muss man schauen: Hält das ungute Gefühl an? Es gibt natürlich die ewigen Zauderer. Und die gibt es übrigens bei Männern genauso wie bei Frauen. Die können einfach keine Entscheidung treffen. Weil ihnen ja jeder etwas anderes erzählt. Da werden Sie verrückt. Man muss vorher verschiedene Meinungen einholen, aber dann muss man zu seiner Entscheidung kommen, dazu stehen und später im Zweifel sagen: »Ich habe hier eine falsche Entscheidung getroffen. Ich sehe das heute ein.«

Das darf man nur in der Öffentlichkeit nicht sagen.

Doch, darf man. Man muss es auch. Am schlechtesten kommen meiner Meinung nach diejenigen weg, die sich herausreden: »Ich habe es ja gleich gesagt. Aber keiner wollte auf mich hören!« Das ist eine Entschuldigung, die beim Vorstand eines Unternehmens nicht zählt. Ein Vorstand, der eine Entscheidung nicht mitträgt, muss zurücktreten. Insofern ist das auch ein harter Job: Man muss viele Entscheidungen treffen, die man nicht immer im Detail überblicken kann.

Sie sprechen kenntnisreich über Führungsstile. Als hätten Sie viele Seminare dazu besucht.

Ja, schon bei Mobil Oil gab es viele Seminare, auch zu Führungstechniken. Führung ist das Allerschwierigste. Wenn Sie nicht richtig führen, laufen Ihnen die Mitarbeiter davon. Ich weiß noch, wie wir damals bis zum Umfallen Mitarbeitergespräche geübt haben. Immer vor laufender Kamera.

Es ging darum, wie man Mitarbeiter motiviert?

Weniger. Motivierende Mitarbeitergespräche sind einfach. Schwierig ist, wenn man jemandem sagen muss: Sie haben nicht die Leistung gebracht, die wir uns vorgestellt haben; Sie werden die Position nicht bekommen, die Sie sich vorgestellt haben.

Was kann man da falsch machen?

Man lernt, die kritischen Punkte wirklich anzusprechen und nicht drum herumzureden. Und dem anderen die Gelegenheit zu geben, vernünftig Stellung zu nehmen. Und auf Video sieht man dann auch seine Fehler bei der Körpersprache. Man hat zum Beispiel das Gefühl, dass man ganz offen ist gegenüber dem Mitarbeiter, und sitzt dann abweisend mit verschränkten Armen da. Ich habe da auch so meine Fehler gemacht.

Sie haben letztlich Ihre Karriere im Personalbereich gemacht, dem klassischen Frauenbereich.

Nicht ganz. Ich hatte bei der Deutschen Bahn auch die Verantwortung für alle Dienstleister – von der IT bis zur schweren Instandhaltung. Das sind 30 000 Mitarbeiter. Und das war eine operative Managementaufgabe.

Sie empfinden es als Fortschritt, den Frauenbereich verlassen zu haben?

Ich habe immer in Stabsfunktionen gearbeitet: Recht, Strategie, Personal. Und wenn man dann mit zunehmender Erfahrung auch die operative Seite mitgestalten kann, zeigt das, dass man als Personaler deutlich gemacht hat: »Ich verstehe, wie das Geschäft funktioniert.«

Matthias Mitscherlich
»Ich wende mehr Psychologie an als mancher Therapeut«

Mit seinen breiten Schultern und dem fast kahlen Schädel ragt Matthias Mitscherlich über die Trennwände hinaus, die seinen Schreibtisch umgeben. Essen, Hohenzollernring 24. Ein Großraumbüro im fünften Stock. Mitscherlich, 61, Vorstandsvorsitzender von MAN Ferrostaal, sitzt in der Mitte. Seine Begründung: »Da brauche ich nicht die Politik der offenen Türen zu predigen. Es gibt ja gar keine.«
Über New York, wo Matthias Mitscherlich als Anwalt arbeitete, Lagos, wo er Kloeckner vertrat, und Athen, wo er Vorstandschef des Flughafens war, kam er im Jahr 2000 an die Spitze von MAN Ferrostaal, das Industrieanlagen in der ganzen Welt baut.
Matthias Mitscherlich ist der Sohn von Alexander und Margarete Mitscherlich, den prominentesten Psychoanalytikern Deutschlands. Beide zählten in den 1960er und 1970er Jahren zu den führenden Linksintellektuellen des Landes, am Esstisch der Familie in Heidelberg saßen oft Theodor W. Adorno und Jürgen Habermas. Bis heute lässt sich Matthias Mitscherlich von Habermas beraten.
Mitscherlich faltet seinen großen Körper auf einem kleinen Bürostuhl zusammen. Weißes Hemd, kein Jackett. Er kennt sich selbst gut aus in der Psychologie und steht dem Kuratorium des Frankfurter Sigmund-Freud-Institutes vor, weshalb er die Psyche der Manager auch aus einem etwas anderen Blickwinkel betrachten kann. Er hat die ganze Zeit ein Lächeln auf dem Gesicht, als wolle er den Ernst der Welt einfach übergehen – ein seltsamer Gegensatz zur manchmal ideologischen Strenge seines Vaters.

Ihre Eltern Alexander und Margarete Mitscherlich sind die bekanntesten deutschen Psychoanalytiker. Sie sind offenbar aus der Art geschlagen.
Nein. Ich wende heute wahrscheinlich mehr Psychologie an als mancher Therapeut in seiner psychologischen Praxis.
Wie meinen Sie das?
Ich kann als Manager zwar nicht in den Kindheitserinnerungen meiner Mitarbeiter wühlen, aber die psychologische Grundausbildung, um die man in einem Elternhaus wie dem meinen nicht

herumkommt, hilft mir, Menschen zu verstehen und einzuschätzen. Und manchmal sogar ein bisschen zu manipulieren. Man braucht nur an der richtigen Stelle ein Lob auszusprechen, und die Menschen laufen lustig los. Das kostet mich überhaupt nichts. Ich mache das ja im Interesse der Firma und schade auch niemandem. Da darf ich das.

Ihre Eltern arbeiteten mit der Psychoanalyse. Wie geläufig ist Ihnen die Theorie?

Ich habe früher wahnsinnig viel gelesen. Freud in erster Linie.

Ihre Eltern haben noch Anna Freud kennen gelernt, Freuds Tochter.

Ja, aber die war ziemlich umstritten, nicht die Linie meiner Eltern. Die Psychoanalyse ist sehr zersplittert. Wenn an einem Institut fünf Analytiker arbeiten, gibt es vier verschiedene Richtungen. Ich sage immer: Ihr seid Sektierer. Habt ihr keine anderen Probleme?

Hilft Freud, Menschen in Führungspositionen zu verstehen?

Freud hilft mir da schon. Die von ihm analysierten Verhaltensmuster hören ja nicht bei einer bestimmten Gehaltsklasse auf.

Ihr Vater sprach im Hinblick auf die Nachkriegsgeneration einmal vom »verschütteten Gemüt« – ein Begriff, der auch auf Manager zuzutreffen scheint.

Manche Manager spielen sich selbst. Eine Selbststilisierung hat immer etwas Kalkuliertes, Kaltes. Gemüt zu zeigen ist etwas Unverstelltes.

Ein Coach, der anonym bleiben wollte, analysierte in der *Süddeutschen Zeitung* Manager als »geplagt von Verlustängsten; Verlust von Bedeutung, Verlust von Geld«. Je mehr Bedeutung einer habe, je mehr Geld, desto größer sei seine Angst. Deswegen empfänden es Manager als Katastrophe, wenn statt sehr hoher nur noch hohe Boni ausbezahlt würden.

Das trifft vielleicht für die Investmentbanker zu. Bei denen ist der Bonus sozusagen das Lebensziel, und wenn das Lebensziel auf einmal nur noch halb so groß ist, ist das natürlich nicht so schön. Aber in der normalen Industrie weiß jeder: Wenn wir kein Geld verdienen, gibt es für jeden weniger.

Sonst können Sie mit der Charakterisierung des Coaches wenig anfangen?

Ich glaube, dass die meisten Leute, auf allen Hierarchieebenen, gerne bedeutend sein und viel Geld verdienen wollen. Ob sich das nach oben potenziert? Nee.

Dass die Angst weiter oben größer ist, weil die Fallhöhe größer wird – das würde doch einleuchten.

Glaube ich nicht. Natürlich haben auch Manager Ängste. Aber darunter leiden vor allem diejenigen, die über die Stufe hinaus befördert worden sind, die sie bewältigen können. Das ist ein klassisches psychoanalytisches Muster: Die Menschen werden unsicher, wenn sie merken, dass sie einer Aufgabe nicht gewachsen sind. Die Unsicherheit wird dann durch besonders autoritäres Gehabe kompensiert.

Psychoanalyse und Management sind zwei gegensätzliche Welten: Freud interessierte sich für das Irrationale, in der Wirtschaft interessiert man sich für die ökonomische Rationalität.

Aber die Wirtschaft besteht doch aus Menschen, und mit den Menschen kommt ihre ganze Irrationalität in die Wirtschaft hinein. Gutes Management muss damit umgehen. Emotionalität ist ja schön, aber Irrationalität ist immer schlecht, weil andere sie nicht verstehen. Irrationalität überlagert Entscheidungen: Da ist sich jemand unsicher oder will sich oder jemand anderem irgendwas beweisen. Diese Irrationalität muss man auflösen.

Wie soll das gehen?

Man muss ein Klima schaffen, in dem Argumente zählen und in dem sich die Mitarbeiter entfalten können. Wir haben hier bei MAN Ferrostaal in den letzten Jahren umfangreiche Coaching-Programme aufgebaut: Wir haben zwei Amerikaner, die arbeiten viel mit Videoaufzeichnungen. Wenn die Leute sich selbst sehen, begreifen sie manchmal, wie sie auf andere wirken. Wir können die Persönlichkeiten der Mitarbeiter nicht ändern, aber man kann ihnen ihre Schwächen klarmachen, damit bei ihnen in bestimmten Momenten eine rote Lampe angeht.

Man kann das Coaching auch kritisch sehen: Es handelt sich dabei um eine Instrumentalisierung der Psychologie.

Das sehe ich nicht so. Bei unserem Coaching geht es auch mehr um eine Konditionierung des Verhaltens. Da macht keiner einen tiefen Bewusstseinsprozess durch. Ich rede mit den Coaches vorher, gerade bei Vorständen oder anderen Führungskräften, mit denen wir Kommunikationstraining machen: »Kuckt euch das mal an. Da braucht er meines Erachtens Unterstützung.«

Lassen Sie sich selbst coachen?

Nein.

Haben Sie mal eine Psychoanalyse gemacht?

Auch nicht. Eine Analyse ist nur dann sinnvoll, wenn man mit sich nicht wirklich im Reinen ist. Man braucht Themen, an denen man arbeitet. Sonst hat man ein schönes Gespräch, zahlt viel Geld und hat nur den Analytiker schlauer gemacht.

Verdrängte Konflikte, die die Psychoanalyse aufarbeiten will, können auch ein unglaublicher Motor für Karrieren sein. Zurücksetzung, Demütigungen in Kindheit und Pubertät setzen doch bei manchen enorme Energie frei, die einem Arbeitgeber nutzt.

Menschen, die sich mit Brachialgewalt nach oben arbeiten – das sind Extremfälle. Wenn so jemand richtig eingesetzt wird, ist er natürlich toll für ein Unternehmen. Aber er ist auch gefährlich. Mittelfristig muss man diese Motivation wieder einfangen, einbinden in ein größeres Ganzes, das längerfristig angelegt ist.

Entspricht dieser Menschentyp nicht genau dem amerikanischen Managerideal?

Ja. Aber man sieht jetzt, was daraus geworden ist. Die amerikanische

Wirtschaft ist enorm hierarchisch ausgerichtet. Mit Leuten, die da ihre Egotrips ausleben. Geld als ein Wert an sich. Das kommt solchen Leuten dann natürlich zugute.

Schon Fritz-Aurel Goergen, ein großer deutscher Manager der Nachkriegszeit, sagte von sich: »Ich bin ein brutaler Hund.«

Es gab dieses Bild schon immer, doch ich kann damit einfach nichts anfangen, weil ich gar nicht weiß, was die Aussage soll. Wenn einer sagt »ich bin konsequent«, ist das etwas anderes. »Ich dulde dieses nicht, ich dulde jenes nicht« – und dann wird einer rausgeschmissen. Kann ich alles noch nachvollziehen. Wer konsequent ist, hat Werte, die er verfolgt. Aber einfach zu sagen: »Ich bin ein ganz Harter!« …

… offensichtlich begreift Ihr Berufsstand das als schmückend.

Bei mir gehen da die Antennen hoch. Das heißt doch nur: Wahrscheinlich ist der sehr autoritär und lässt keine anderen Meinungen gelten. Im Management ist es jedoch wenig zielführend, wenn einer glaubt, er habe die Weisheit gefressen, und allen anderen vorschreibt, was zu passieren hat. Die machen das dann vermutlich. Aber vielleicht sind da noch ein paar tausend andere Mitarbeiter, die auch gute Ideen haben.

Sie reden, als wären Sie Lehrer.

Als Manager muss ich doch so viel Intelligenz aus einem Unternehmen ziehen wie möglich. Dafür hat man ja Mitarbeiter.

Haben Sie Unternehmer in der Familie?

Mein Großvater hatte eine Zellstofffabrik, die aber pleiteging. Der war nicht sehr erfolgreich.

Wie waren Unternehmer in Ihrem linksintellektuellen Elternhaus beleumundet: Waren sie das Feindbild?

Eindeutig. Bei meinem Vater wahrscheinlich weniger als bei mir. Unternehmer mussten entweder enteignet oder sonst was werden. Heute sehe ich das natürlich etwas anders.

Theodor W. Adorno soll bei Ihnen am Esstisch gesessen haben.

Da saß ich meistens nicht dabei. Das war nicht wirklich was für Kinder.

Ihr Vater war der Held der Studenten Ihrer Generation. Es war bestimmt nicht immer leicht mit einem Namen wie Ihrem an einer deutschen Universität.

Ich habe mich von meinem Vater abgegrenzt, indem ich noch radikalere Positionen einnahm. Ich war damals in Gießen stellvertretender Vorsitzender des Sozialistischen Hochschulbundes. »Alle Räder stehen still, wenn dein starker Arm es will.« So lauteten unsere Parolen. Das Management war unserer Ansicht nach nur zum Gewinnabschöpfen da. Im Nachhinein fragt man sich, wie man eigentlich mit einer durchschnittlichen Intelligenz so blöde Sachen sagen konnte. Es war idealistisch gemeint. Man wollte alles besser machen. Alles sollte toller werden.

Trifft der alte Spruch auf Sie zu: »Wer in der Jugend nicht links ist, hat kein Herz. Wer mit 40 immer noch links ist, hat keinen Verstand«?

Ich wehre mich gegen diesen Spruch, weil er in der Regel von Leuten gesagt wird, die in der Jugend genauso konservativ waren wie später. Menschen, die überhaupt keine Entwicklung durchlaufen haben. Ich glaube, dass einem ein Teil der Persönlichkeit fehlt, wenn man in der Jugend nicht versucht hat, neue Wege zu gehen. Das muss nicht politisch sein. Man kann auch jahrelang durch die Welt ziehen.

Warum haben Sie eigentlich nicht Psychologie studiert?

Bei meinen Eltern wäre ich als Psychologe völlig verraten gewesen. Da hätte ich schon Freud II werden müssen, um mich aus ihrem Schatten zu lösen.

Es scheint ein langer Weg: vom linken Studenten zum Anwalt und schließlich zum Unternehmer. Wie verlief diese Entwicklung?

Über Diskussionen. Ich wollte die Ideen, die ich auch in meinem Elternhaus aufgesogen habe, in die Welt tragen. Ein wenig als Trojanisches Pferd agieren. Das war mein Motiv.

Ihre Eltern die Denker, Sie der Macher.

Das wäre zu einfach. Mein Vater war ein extremer Macher. Er konnte nicht einmal einen Krimi lesen, das war für ihn Zeitverschwendung. Er musste in jeder Sekunde etwas Sinnvolles tun. Ich glaube, letztlich ist er einfach an diesem absoluten, selbst auferlegten Stress kaputtgegangen. Er war in gewisser Weise überaus hungrig nach Anerkennung, weil er davon in seiner Kindheit sehr wenig bekommen hat. Er wurde in einem superkonservativen Elternhaus groß: Sein Vater hat seine Mutter irgendwann einmal um den Tisch gejagt. Mein Vater ist, glaube ich, schon ein bisschen traumatisiert worden. Aber er wollte auch Dinge vorantreiben. Er hat bereits mit 22 Jahren in einer Zeitschrift geschrieben, die von Thomas Mann herausgegeben wurde. Dann die ganze Nachkriegszeit mit dem Prozess gegen die Nazi-Ärzte, den er als Beobachter verfolgt hat.

Ihr Vater hat ein Buch über die Ärzte und deren Menschenversuche geschrieben, der Prozess muss ein prägendes Erlebnis gewesen sein. Hat er oft davon gesprochen?

Ja. Furchtbar. Obwohl er gar nicht so oft da war, wie er immer behauptet hat. Das entnehme ich zumindest einer Biografie über ihn, die ich gerade lese. Oft hat er offenbar seinen Assistenten, den Herrn Mielke, dahin geschickt. Der hat sich dann immer bitter beschwert.

Wie wurden Sie in der Wirtschaftswelt aufgenommen mit Ihrem familiären Hintergrund und Ihrer Vergangenheit im Sozialistischen Hochschulbund? Für viele dort muss das befremdlich gewesen sein.

Ich kam immer gut klar. Man meint oft, man müsse in Schablonen passen. Doch man muss sich selbst keine Fesseln auferlegen, die gar nicht nötig sind. Natürlich braucht man gewisse Höflichkeitsformen. Ich meine, wenn ich Frau Merkel einfach so auf die Schulter klopfen würde, käme das vielleicht nicht so gut an, aber mit den meisten Leuten kann man völlig normal reden.

Sind Sie mit anderen Managern bekannt oder befreundet?

Ich bin mit vielen gut bekannt. Man lästert ja heute immer über die »Deutschland AG«. Dabei haben die Vernetzungen zwischen den wesentlichen deutschen Unternehmen das System lange Zeit stabilisiert, und eine Art »Ruhrgebiet AG« gibt es immer noch. Jürgen Großmann, den Vorstandsvorsitzenden von RWE, Wilhelm Bonse-Geuking von Evonik, Ekkehard Schulz von ThyssenKrupp kenne ich wirklich sehr gut. Mit einigen Managerkollegen spielt man auch mal Golf zusammen.

Sie spielen Golf?

Ja. Früher wurde viel unter der Woche gegolft, weshalb ich nie teilnehmen konnte, weil ich es nie geschafft habe, mir einen Tag freizuschaufeln. Heute golft man nicht mehr so viel, aber wir sind noch immer in ständigem Kontakt, und wenn MAN Ferrostaal mal irgendein Problem mit Thyssen hat, kann ich einfach Herrn Schulz anrufen. Dann sage ich: Wir haben hier ein Problem, können wir das gemeinsam lösen? Solche Sachen kann man mit Hilfe eines Netzwerks erledigen. Auch wenn man sich das in diesen Monaten schwerlich vorstellen kann: Wir Manager wollen nichts Böses. Wir wollen vor allem Dinge befördern.

Trifft Sie die Kritik an den Managern?

Natürlich. Man muss gerechterweise sagen, dass es wirkliche Auswüchse gegeben hat. Was im Bankensektor passiert ist, dass man sich mit im Grunde künstlichen Gewinnen wahnsinnige Boni reinschiebt – das ist nicht akzeptabel. Auch die Rating-Agenturen haben sich nicht mit Ruhm bekleckert. Ich habe damals mit denen gesprochen und gesagt: »Ich kenne die USA, ich weiß, wie dort Hypotheken vergeben werden. Das sind doch alles Blasen!« Die Dimensionen habe ich zwar nicht im Entferntesten geahnt, aber ich habe gesagt: »Das kann doch überhaupt nicht sein!« Diese Finanzinstrumente sind alle AAA-geratet. Und eine handfeste Firma wie MAN hat das beste Rating aller Industrieunternehmen – ein A Minus.

Sie haben jemanden von einer Ratingagentur direkt angesprochen?

Ja. Ich habe es nicht verstanden, es konnte mir auch keiner erklären. Ich bin selbst im Aufsichtsrat einer kleinen Bank: der Nationalbank. Die hat natürlich in diesen Sachen nur sehr beschränkt mitgemischt. »Alternatives Kreditportfolio« hieß das dort. Aber dieses alternative Kreditportfolio hat auf den Aufsichtsratssitzungen die meisten Diskussionen verursacht. Es waren nicht mal Immobilienkredite in den USA, auf die deren Produkte zurückgingen, sondern irgendwas anderes, sehr Komplexes. Das war ja auch der Sinn des Ganzen. Man hat alles so verkompliziert, dass es kein Mensch mehr durchschaut hat.

Warum sind Manager so anfällig für diesen Herdentrieb? In der New Economy wurde alles – egal, wie wenig substantiell es war – an die Börse gebracht. Dieses Mal stürzten sich alle in den Handel mit Derivaten.

Das ist die Unsicherheit der Leute. Nach dem Motto: Das machen alle so, und wenn ich es falsch mache, haben alle anderen es auch falsch gemacht. Ich bin nicht alleine im Falschmachen. Den Mut, unorthodoxe Entscheidungen zu treffen, haben die wenigsten.

Steht man im Wind, wenn man etwas anders macht?

Klar.

Oder bezahlen Sie den Preis für Ihre unorthodoxen Methoden damit, dass Sie nur ein großes, aber kein DAX-Unternehmen führen?

Für mich ist das kein Preis. Wir bauen weltweit Industrieanlagen. Wir machen Projektarbeit, bieten maßgeschneiderte Lösungen. Das Internationale liegt mir. Die verschiedenen Kulturen, mit denen man umgehen muss. Ich setze zum Beispiel einen peruanischen Psychoanalytiker ein, der bei meinen Eltern ausgebildet wurde, hier promoviert hat und zeitweise den früheren peruanischen Präsidenten in sozialen Konflikten beraten hat. Der besucht alle unsere Organisationen und macht dort Workshops, in denen den Mitarbeitern Perspektiven aufgezeigt werden. Er ist ein menschlich sehr kompetenter Typ, dem sich die Leute öffnen. Ich merke schon, dass die Mitarbeiter mehr Ideen haben. Ich bin überzeugt, in wenigen Jahren wird sich daraus ein gutes Geschäft ergeben. Ich wüsste wenige Unternehmen, bei denen so etwas möglich und sinnvoll wäre.

Sie lassen sich vom Philosophen Jürgen Habermas beraten.

Beraten, das klingt ein bisschen hoch gegriffen. Ich diskutiere mit ihm, seitdem ich 16, 17 bin. Es ging erst viel darum, welchen Lebensweg ich einschlagen wollte. Mann muss ja irgendwo sein Geld verdienen. Aber ich wollte auch immer irgendwas Vernünftiges zur Welt beitragen. Ich weiß nicht, ob das meinen Ansprüchen genügen würde, wenn ich beispielsweise Plastikenten herstellen würde.

Um was drehen sich Ihre Diskussionen heute?

Um Tagespolitik, Persönliches, Theoretisches. Ich glaube, ihn interessiert, wie sich seine Themen für jemanden darstellen, der ganz handfest arbeitet.

Habermas geht es, wenn man seine Theorie grob zusammenfasst, um den herrschaftsfreien Diskurs. Doch in einem Unternehmen ist der Diskurs doch nie wirklich herrschaftsfrei, egal wie offen man die Debatten führt. Als Manager sind letztlich Sie derjenige, der das Sagen hat.

Das ist einer unserer Diskussionspunkte. Ich bin der Meinung, dass es eine durchaus herrschaftsfreie Diskussion auch in Unternehmen geben kann. Das hängt natürlich auch von den Teilnehmern ab. Wenn einer gleich so eingeschüchtert ist, dass er sich gar nicht mehr traut, offen zu reden, kommen Sie natürlich nicht weiter.

»Durchaus herrschaftsfrei« – eine Einschränkung, die Habermas sicher nicht gelten lassen würde.

Er muss seine Kompromisse eben nur auf dem Papier machen und ich in der Realität. Ich kann doch nicht aus reinem Idealismus ein wunderschönes Unternehmen schaffen, das dann in ein paar Jahren pleite ist. Ich muss auf Profitabilität achten. Je profitabler mein Unternehmen ist, desto mehr Handlungsfreiheit bekomme ich von meinen Aktionären – und kann etwas Sinnvolles damit tun.

Sie sind sehr pragmatisch.

Ja. Ich habe mir nie eingebildet, dass ich die gesamte Gesellschaft oder gar den Menschen ändern könnte.

Sie kritisierten eben einen in Ihren Augen überkommenen Managertypus. Wenn der Mensch sich nicht ändern kann, wie soll sich dann der Manager ändern?

Das ist ja schon eine Frage der Ausbildung. Wenn man konditioniert wird auf bestimmte Verhaltensstrukturen, wird man im Zweifel auch so agieren. Mein ältester Sohn studiert Betriebswirtschaft an der Frankfurt School of Finance. Die Studenten machen dort Auslandssemester, was schon irgendwie den Horizont erweitert. Dennoch: Bedenklich finde ich an dem Lehrangebot dort, dass alles nützlich sein muss. Und das Nützliche ist eben das Kurzfristige. Man denkt viel zu kurzfristig heute.

Ihr Sohn will Banker werden?

Er wollte immer viel Geld verdienen, aber nicht so viel arbeiten wie ich, hat er mir erklärt.

Und da haben Sie ihm das Investmentbanking empfohlen?

Er wollte schon immer Banker werden, doch mittlerweile möchte er das gar nicht mehr so sehr. Der merkt jetzt, dass die auch wahnsinnig viel arbeiten müssen.

Banker stehen zurzeit unter besonderem Druck.

Gegen alle Manager ist ein enormer Druck aufgebaut worden, auch durch die neuen Gesetze zur persönlichen Haftung. Der Druck ist allerdings kontraproduktiv, weil die Leute immer unsicherer werden und immer konformer handeln. Und die wirklich Guten sagen: »Warum soll ich mir das alles antun? Warum soll ich mir da permanent Vorschriften machen lassen? Ich arbeite von morgens bis abends, ich muss Entscheidungen treffen, und wenn ich mal einen

Fehler mache, werde ich persönlich zur Verantwortung gezogen.« Das geht zu weit.

Aber die Krise muss doch Konsequenzen für diejenigen haben, die sie verursacht haben.

Zur Krise gehört auch eine Gesellschaft, die sich das alles hat gefallen lassen. Die Auswüchse gab es doch schon länger. Es hat nur niemand eingegriffen, sondern alle haben gesagt: toller Boom, alles geht nach vorne.

Wie erklären Sie sich das mit Ihrem psychologischen Wissen?

Damit, dass eben alle gerne gute Nachrichten hören. Man merkte ja wirklich, dass die Arbeitslosigkeit runterging. Und die Wirtschaftsinstitute trafen positive Vorhersagen. Diese Vorhersagen sind allerdings nicht das Papier wert, auf dem sie geschrieben stehen. Ich halte das für Hokuspokus, ehrlich gesagt. Vielleicht führt auch das hohe Tempo, das heute so wenig Zeit zum Nachdenken lässt, dazu, dass die öffentliche Meinung nur Extreme kennt. Entweder: toller Boom. Oder: schlimmer Auswuchs, böse Manager.

Haben Sie selbst das Gefühl, nicht mehr zum Nachdenken zu kommen?

Nein, bei uns ist Nachdenken Teil des Geschäftsmodells. Wer hingegen ein Serienprodukt verkauft, muss sehen, wie er es los wird. Da muss man hier agieren, dort agieren. Die Leute – man kann es ihnen wahrscheinlich gar nicht verübeln – haben gar nicht mehr die Muße, über gesellschaftliche Grundsätze nachzudenken.

Nach Siemens gibt es nun auch gegen das Unternehmen MAN, zu dem Ferrostaal bis Herbst 2008 gehörte und in dem Sie bis März 2009 im Vorstand saßen, Korruptionsvorwürfe. Gehört Bestechung zur deutschen Unternehmenskultur?

Was genau MAN vorgeworfen wird, weiß ich nicht, weil ich nicht mehr dabei bin. Im Oktober 2008 wurde MAN Ferrostaal an den Staatsfonds IPIC aus Abu Dhabi verkauft. Ich glaube aber, dass ausländische Unternehmen das Thema Bestechung viel laxer handhaben. Nirgendwo wird Korruption so streng verfolgt wie in Deutschland, was auch mit dem Generalverdacht zu tun hat, unter dem Manager gerade stehen. Ein Beispiel: Wenn Sie U-Boote verkaufen, verkaufen Sie die nur, wenn Sie sehr, sehr gute Berater haben. Jede Marine auf der Welt hat ihre eigenen Vorstellungen, ihre eigenen technischen Vorgaben. Sie brauchen Lobbyisten und technische Berater, die die jeweilige Marine sehr gut kennen, und die lassen sich ihre Arbeit sehr teuer bezahlen, weil sie sehr genau wissen, dass sie da an der Schnittstelle sitzen. Da wird auch immer sofort unterstellt, man würde jemanden bestechen, was jedoch überhaupt nicht der Fall ist.

Ein schmaler Grat, oder?

Nein, es gibt sehr präzise Regeln, aber die müssen wir den Leuten erst beibringen. Wir machen sogar Workshops in unseren Außenvertretungen. Wir schicken unsere Mitarbeiter hin und sagen: Leute, es gibt Grenzen! Das könnt ihr machen – das könnt ihr nicht machen. Manche sagen: Wir können ja gar kein Geschäft mehr tätigen. Dann sagen wir: Dann macht ihr eben kein Geschäft mehr! Es ist eine Kultur, die sich ändern muss.

Gibt es legale Geschäfte, die Sie ablehnen würden – aus Ihrer familiären Prägung heraus?

Ja, wenn zum Beispiel Kinderarbeit im Spiel wäre. Aber so etwas wird uns gar nicht erst angeboten.

Die U-Boote waren eben nur ein fiktives Beispiel?

Nein, wir haben tatsächlich seit 40 Jahren eine Partnerschaft mit den Howaldtswerken Deutsche Werft, die U-Boote bauen.

Kriegsgerät.

Ja, wir arbeiten auch mit der Rheinmetall zusammen, die gepanzerte Fahrzeuge herstellt. Aber wir übernehmen den so genannten Offset: Regierungen, die ein Rüstungsgeschäft abschließen, verlangen heute meist Gegengeschäfte sozialer Natur. Die übernehmen wir: Wir haben zum Beispiel mal Teeplantagen gerettet, die vor dem

Bankrott standen. Doch letztlich haben unsere Projekte etwas mit dem Rüstungsgeschäft zu tun.

Stört Sie das nicht?

Nein. Mir gefällt das Soziale dabei. Die Howaldtswerke haben beispielsweise für über eine Milliarde U-Boote nach Südafrika geliefert, und wir haben in großem Umfang Gegengeschäfte vereinbart. Wir haben damit Tausende von Arbeitsplätzen gerettet.

Adorno sagt: »Es gibt kein richtiges Leben im falschen.« Man kann sich im Kapitalismus noch so anstrengen, ein guter Mensch zu sein, man bleibt ein Kapitalist.

Mir war Adorno immer zu abstrakt. Was soll das sein: richtiges und falsches Leben? Ich kenne nur dieses eine Leben, und daraus soll man versuchen, etwas zu machen, was allen ein bisschen was bringt.

Werner Müller
»Machiavelli – ganz nett«

Werner Müller hat eine Hand in der Hosentasche, einen schlurfenden Gang und einen Fahrer, der zehn Meter hinter ihm läuft und seine Aktentasche trägt.
Das fast altmodische Wort Industriepolitiker beschreibt ihn gut, denn Müller hat sein Leben lang an der Schnittstelle zwischen Wirtschaft und Politik gearbeitet – und er entschied mal auf der einen, mal auf der anderen Seite die energiepolitischen Weichenstellungen der Bundesrepublik mit. In den 1980er Jahren war er für Veba, die heute EON heißt, maßgeblich daran beteiligt, dass die Atomaufbereitungsanlage im bayerischen Wackersdorf geschlossen wurde. Als Wirtschaftsminister im ersten Kabinett von Bundeskanzler Gerhard Schröder verhandelte er den Atomausstieg. Als Chef der Ruhrkohle AG (RAG) besiegelte er schließlich das Ende der Steinkohleförderung in Deutschland.
Werner Müller bittet in sein Büro im Essener Stadtteil Rüttenscheid, in dem alles ganz neu aussieht, er arbeitet auch noch nicht lange hier. Ende 2008, als sein Vertrag als Vorstandschef der Evonik Industries AG auslief, ist er aus dem Hochhaus der Firmenzentrale ausgezogen, zu seinen verbliebenen Ämtern zählt der Vorsitz des Aufsichtsrats der Deutschen Bahn.
Müller setzt sich auf ein Ledersofa und stützt die Ellbogen auf seine Knie. Er spricht sehr langsam, leise und meist nur in Andeutungen. Er gilt als der Stratege unter Deutschlands Managern. Man merkt, dass er diesen Ruf genießt.

Fast wären Sie Pianist geworden und nicht Manager.
Neben meinem Volkswirtschaftsstudium, von dem ich nicht den Eindruck hatte, dass es mich auslastete, verbrachte ich ein paar Semester an der Musikhochschule in Mannheim.
Ihre Hände, heißt es, hätten nicht mitgespielt.
Bei Auftritten begannen sie zu zittern. Die rechte stärker als die linke. Und das hörte sich dann so an, als hätte ich das, was ich vorspielen wollte, nie geübt.
Was war es: Lampenfieber?
Ich weiß es bis heute nicht.
Sie hören noch immer viel klassische Musik, selbst bei der Arbeit.
Meistens das Bachsche Klavierwerk. Bach können Sie als Hinter-

grundmusik plätschern lassen oder konzentriert zuhören. Beethoven-Sonaten kann ich eigentlich auch immer hören. Für Schubert muss man schon in der Stimmung sein.

Es wird erzählt, dass Sie Mitarbeitergespräche mitunter stimmungsvoll inszenierten. Sie legten klassische Musik auf, steckten sich einen Zigarillo an und eröffneten dann Ihrem Gegenüber, dass er gefeuert ist.

Ich erinnere mich an keinen solchen Fall. Nein, das stimmt so nicht. Die Klaviermusik läuft bei mir immer, auch dann, wenn ich jemandem sage: Wir trennen uns. Aber ich zelebriere oder inszeniere da nichts. Außerdem spricht gegen die Richtigkeit der Geschichte, dass ich in dem Sinne keinen rausgeworfen habe …

… 22 der 25 Vorstände der RAG und ihrer Tochterfirmen.

Man hat sich getrennt. Nur eine einzige Trennung habe ich mal inszeniert: Der Aufsichtsrat hat, auf mein Bitten hin, einen Vorstandsvorsitzenden eines Teilkonzerns zwei Tage vor der Führungskräftetagung fristlos entlassen. Das habe ich aber ganz normal mit ihm besprochen. Nur der Zeitpunkt war so inszeniert, dass er auf der Führungskräftetagung nicht mehr da war. Das war die Tagung, auf der ich gesagt habe: »Für unseren Konzern gelten dieselben Regeln wie für das Fahren auf Autobahnen. Nicht nur die Höchst-, auch die Mindestgeschwindigkeit einhalten, innerhalb der Leitplanken, und Geisterfahrer werden sofort eliminiert.«

Was wollten Sie damit sagen: Sollten Ihre Mitarbeiter begreifen, dass sie sich mehr anstrengen müssen?

Ich musste ein bisschen Zug in den Laden bringen. Man darf nie vergessen, bis Ende der 1990er Jahre war es der RAG quasi verboten, Gewinn zu machen. Bis dahin galt der Grundsatz: Wenn irgendwo Gewinn entstand, wurde er sofort bei den Steinkohlesubventionen abgezogen. Wer Gewinn machte, galt deshalb in dem Unternehmen als störend. Meine Vorgänger haben von den Überschüssen ein barockes Firmensammelsammelsurium zusammengekauft: von Autowaschanlagen bis Fertighausfabriken. Helmut Kohl hatte bereits 1998 die Subventionsgesetze richtigerweise geändert. Das hatte sich aber noch nicht so richtig herumgesprochen.

Ist es nötig, als Manager hin und wieder öffentlich seine Macht zu demonstrieren?

Öffentlich – weiß ich nicht. Unternehmensintern manchmal schon. Wenn man gute Mitarbeiter hat, sagen die einem, wenn gerade mal wieder irgendwer irgendwo eine kleinere Revolution andenkt. Dann muss man schon einschreiten. Das war bei dem Vorstandsvorsitzenden, von dem ich eben sprach, der Fall.

Haben Sie Machiavelli gelesen?

Ja.

Und?

Ganz nett.

Irgendwelche Lehren daraus gezogen für Ihre Arbeit?

Ich habe ihn relativ spät gelesen. Ich fühlte mich mehr bestätigt: So macht man das halt.

Machiavelli sagt: Man muss die Menschen entweder verwöhnen oder vernichten; wegen leichter Demütigungen rächen sie sich, wegen schwerer vermögen sie es nicht.

Ja.

Das ist doch brutal, oder?

Ohne eine gewisse Härte und Robustheit geht es nicht. Aber man darf nicht hintenherum hart sein, sondern mit offenem Visier. Und muss dazu stehen. Kurz bevor ich bei Evonik aufhörte, habe ich noch die Trennung von einem Kollegen herbeigeführt – Machiavelli würde sagen: aus Räson. Der modernere Ausdruck ist: aus Konzerninteresse.

Raphael Seligmann hat über Sie geschrieben: Müller pflegt Menschen. Das stellt man sich eigentlich anders vor.

Ich bin normalerweise zu den Leuten schon nett. Ich kucke mir sie aber vorher an, und wenn ich feststelle, zu dem werde ich nie Vertrauen haben können, dann sage ich: Wir trennen uns besser.

Wie pflegen Sie Menschen? Laden Sie die zu sich nach Hause ein?

Nein. Ich besuche auch keine dieser halbprivaten Veranstaltungen: Bälle oder Empfänge. Die Zeit wäre mir einfach zu schade. Und da tut sich dann noch unter Umständen etwas auf, das unter Beobachtung zu halten anstrengend ist. Ein Chef, den ich sehr verehrt habe, hat über diese ganzen Zirkel oder Klüngel oder wie man das nennt 1980 mal gesagt: »Herr Müller, wenn die Frauen beginnen, sich zu duzen, dann ist höchste Vorsicht geboten!« Das ist ein Satz, den ich nie vergessen werde. Da ist viel dran.

Was stört Sie genau: mögliche Vereinnahmung?

Sie haben mich ja eben darauf hingewiesen, dass der eine oder andere Mitarbeiter später nicht mehr da war. Da waren auch Leute dabei, die gingen mit Vorstandsvorsitzenden der größten Unternehmen jeden Morgen zum Frühsport und dachten, damit wären sie rundherum geschützt.

Sie waren von 1998 bis 2002 Minister der Schröder-Regierung. Da mussten Sie aber abends unter die Leute.

Nein. Ich war nicht mal auf dem Presseball. Wozu ich am Ende gedrängt wurde, waren Talkshows im Fernsehen. Da hat Schröder Wert darauf gelegt, dass ich dort auch mal hinging. Vorher habe ich auch diese Einladungen immer abgelehnt.

Wie hat Schröder das ausgedrückt?

Er hat gesagt: Auch du musst jetzt mal einen Beitrag dazu leisten, dass das mit der Wiederwahl klappt. Oder so ähnlich.

Schröder hatte unter anderem Ihnen zu verdanken, dass er 1998 überhaupt an die Macht kam. Sie sollen den Begriff ›Neue Mitte‹ erfunden haben, der die SPD für breite Schichten erst wählbar machte.

Ich habe ihn nur gefunden. Als in meiner Nachbarstadt das Einkaufszentrum Centro in Oberhausen gebaut wurde, schrieben die Zeitungen darüber unter dem Etikett Neue Mitte Oberhausen. Als Linguist merkt man sich so was.

Sie haben in Linguistik sogar promoviert. Warum, glauben Sie, verwenden Manager so häufig Floskeln wie ›aufgestellt sein‹ oder ›freistellen‹?

Gelegentlich aus der behaupteten Notwendigkeit heraus, Dinge verschleiern zu müssen. Da wird dann verbal rumgeeiert. Da kommt nichts Anständiges bei heraus. Meine Sache ist das nicht. Ich sage in der Regel, was ich denke, auch wenn ich deshalb hin und wieder etwas Ärger habe.

Stört Sie, dass Manager so floskelhaft sprechen?

Da bin ich unempfindlich. Mich nervt mehr, mit welcher Aalglätte mancher Kollege etwas vorbringt. Oder wenn man sonst wie spürt, dass jemandem die Kinderstube abgeht.

Zum Beispiel?

Wenn Sie mit dem Bundeskanzler und einer Wirtschaftsdelegation nach China fliegen, ist das in den altertümlichen Regierungsmaschinen kein Vergnügen. Wenn Sie dann in Peking ausrollen und neben Ihnen landet eine Privatmaschine, eine Challenger, und es steigt einer aus, der zu der Delegation gehört, dann ist das schon befremdlich. Dass sich da einer nicht der Gruppensituation beugt und Holzklasse mit dem Kanzler fliegt, zeigt, dass er etwas demonstrieren muss.

Sie pflegen das gegenteilige Image: das des bodenständigen, im Ruhrgebiet verwurzelten Managers.

Ich pflege dieses Image nicht. Der Eindruck ist wahrscheinlich entstanden, weil die RAG/Evonik hier im Ruhrgebiet die meisten Mitarbeiter beschäftigt. Insbesondere solange der Bergbau noch zum Konzern gehörte. Da entstanden die wirkmächtigeren Bilder.

Eines der bekanntesten Fotos von Ihnen zeigt Sie bei den Kohlekumpeln unter Tage. Mit Helm, rußverschmiertem Gesicht. Sonst lassen sich nur Politiker so fotografieren. Josef Ackermann von der Deutschen Bank sieht man dagegen in New York, London, auf den großen Finanzplätzen.

Und was hat er davon?

Darum geht es nicht. Es geht um Managerbilder, um Typologien.

Das sind diese stromlinienförmigen, austauschbaren Typen, beiderlei Geschlechts, die immer nur mit dem Computer unterm Arm durch die Welt jetten. Ich glaube, dass viele dieser Kilometer durch Nachdenken ersetzt werden könnten. Persönliche Kontakte muss man natürlich pflegen. Selbstverständlich bin auch ich zu einer Werkseröffnung ins Ausland geflogen.

Anderes Gegenbeispiel: Thomas Middelhoff, einst Chef der Kaufhausholding Arcandor, saß keinen Kilometer entfernt von Ihnen hier in Essen und wirkte doch wie aus einer anderen Welt.

Ich will nichts gegen Middelhoff sagen, aber es wäre mir nicht so angenehm, wenn von mir als Einziges eine gestärkte Doppelmanschette in Erinnerung bliebe.

Der globalisierte Manager ist Ihnen zutiefst suspekt ...

... als Attitüde. Was wir als Unternehmer immer sehen müssen, ist, dass wir letzten Endes – das klingt sehr hart – rausgehen aus Europa. Wir leben vom Wachstum. Das, was Nachfrage schafft, sind die Kopfzahlen auf der Erde. Die Kopfzahlen wachsen in Europa nicht mehr. Und die Produktionsfaktoren – Arbeit, Kapital, Natur – sind andernorts auch billiger. Das heißt nicht, dass ich Umweltdumping in China machen will.

Sie haben sehr häufig in Unternehmen gearbeitet, für die die Gesetze der Globalisierung nicht galten. Mit der Deutschen Bahn können Sie schlecht nach China gehen.

Wieso nicht? Den Anfang der Kooperation mit China hat die Bahn erfolgreich gemacht. Ich bin ja nur zufällig im Aufsichtsrat der Bahn. In meinem Leben war vieles Zufall. Da starb Friedel Neuber, der war im Aufsichtsrat der Bahn ...

... Neuber war als jahrzehntelanger Vorstandschef der WestLB eine große Unternehmerfigur des Ruhrgebietes ...

... er starb aus heiterem Himmel. Gott sei es geklagt. Ich mochte ihn sehr. Mit einem Mal war ich im Aufsichtsrat der Bahn. Und kaum habe ich eine Sitzung mitgemacht, tritt der Aufsichtsratsvorsitzende zurück. Dafür kann ich auch nichts. Inzwischen ist die DB AG Europas größtes Logistikunternehmen und eines der größten der Welt.

Auch die in der RAG zusammengefassten Steinkohlegruben liegen unverrückbar an der Ruhr und im Saarland. Überdies werden sie vom deutschen Staat mit Milliarden subventioniert.

Aber meine Aufgabe als Vorstandschef bestand doch gerade darin, aus Teilen der RAG und einigen Zukäufen einen ganz normalen Konzern zu schmieden, der weltweit agiert und auf dem Kapitalmarkt bestehen kann. Unsere Idee war, dass in einem ersten Schritt ein Investor einsteigt, der einen ordentlichen Anteil an Evonik erwirbt und damit einen ersten wichtigen Beitrag leistet, die Folgekosten des Steinkohlebergbaus zu begleichen. So ist es ja auch gekommen.

Für Ihr taktisches Geschick bei der Schaffung des Konzerns, der Evonik getauft wurde, wählte Sie das *Manager-Magazin* zum Manager des Jahres 2008. Was macht Sie aus als Taktiker?

Weiß ich nicht. Wir hatten jedenfalls einen minutiösen Plan, den wir immer wieder durchspielten. Sie müssen sich in die Beweggründe und die Gefühlswelt der anderen hineinversetzen. Insofern müssen sie als Manager hoch sensibel sein.

Die Umsetzung Ihres Plans stand mehrmals auf der Kippe.

Die Anteilseigner der RAG, die Politik und die Gewerkschaften haben sich zunächst aufgeschlossen gegeben, passiert ist aber trotzdem nichts, denn ihre Interessen waren zu gegensätzlich. Erst nachdem unsere Pläne öffentlich waren, kamen die nicht mehr raus. Viele haben dann zwar ein halbes Jahr nicht mehr mit mir geredet, aber auch das muss man einkalkulieren.

Für gewöhnlich versucht man in der Wirtschaft, schneller zu sein als der andere. Sie scheinen eher auf Zeit zu spielen, die anderen ins

Leere laufen zu lassen. Ist das vielleicht Ihre Taktik: die Entdeckung der Langsamkeit?

Ich bin von Haus aus so: In Hektik bringt mich so schnell nichts.

Eine ehemalige Freundin hat über Sie gesagt, sie hätten das Gemüt eines Fleischers ...

... eines Fleischerhundes. Mich regt nichts so leicht auf. Ich habe von Kindesbeinen an immer die Einstellung gehabt: Entweder es geht gut, oder es geht schief.

Ihr Büro bei Evonik nannten Sie »die entschleunigte Zone«.

Ich glaube nicht, dass unter Hektik optimale Entscheidungen fallen. Es fallen nie optimale Entscheidungen, aber unter Dauerhektik ist Suboptimalität programmiert. Kennen Sie Lichtenberg, Göttinger Philosoph? »Sage, was du denkst. Aber denke vorher.«

Wie gefällt Ihnen als Linguist eigentlich der Name Evonik?

Ich weiß nur noch, dass er sich mir schwer eingeprägt hat. Ich hatte Evonik kurz vor dem Sommerurlaub zum ersten Mal gehört, wanderte durch die Schweiz und hatte immer richtig Probleme, mir den Namen in Erinnerung zu rufen. Das bedeutete: Evonik war intuitiv nicht sofort eingängig.

Warum konnten Sie nicht einfach den Namen RAG behalten? Warum wählen alle Unternehmen diese wohlklingenden, nichtssagenden Namen wie Arcandor oder Aventis?

Ein Name muss mehreren Bedingungen gehorchen: Er darf in keiner Sprache ein Schimpfwort und muss in allen Sprachen lesbar sein, außerdem darf kein Unternehmen der Welt bereits so heißen. RAG heißt auf Englisch Putzlappen. Das nur nebenbei. Mir persönlich hätte vielleicht etwas Traditionelleres vorgeschwebt, aber ich bin Numeriker und weiß meinen Geschmack zu relativieren. Wir haben damals zehn Namen schützen und testen lassen. Ein Namensexperte referierte anschließend, dass der Name Evonik männliche Kraft ausstrahle. Da musste ich schon schmunzeln.

Was meinen Sie mit Numeriker?

Ich bin weniger ein Gefühlsmensch, weniger intuitiv. Ich habe es schon gerne präzise, mit Zahlen. Zahlen sind mir eingängig. Ich kann mir Zahlen sehr gut merken, Zahlen gut interpretieren. Das ist halt ein Numeriker.

Bedeutet die Fixierung auf Zahlen nicht ein Ausblenden all dessen, was sich nicht quantifizieren, nicht messen lässt?

Ohne Messbarkeit der Auswirkung dessen, was Sie tun, geht es im Leben nicht. Jeder tritt ja, übertrieben gesagt, an, um die Welt zu verbessern. Es hilft Ihnen nichts, wenn Sie sich selbst dem Gefühl hingeben: ich habe die Welt verbessert, aber nichts davon zu merken ist. Nehmen Sie zum Beispiel die Reduzierung der CO_2-Werte. Da müssen Sie schon messen, wie viel CO_2 in der Atmosphäre gespeichert ist. Einfache Sache. Letztlich eine Zahl.

War das Ihr Motiv, in die Politik zu gehen: die Welt zu verbessern?

Ich wollte ja gar nicht in die Politik, jedenfalls nicht in die erste Reihe. Ich wollte ein Kästchen im Kanzleramt, auf dem stehen sollte: Berater Müller. Schröder hatte mich nach Bonn bestellt, ohne mir zu sagen, um was es ging. Im Autoradio hörte ich dann, dass ich Wirtschaftsminister werde. Ich war wirklich sehr überrascht. Ich wollte in der Wirtschaft bleiben. Das wusste Schröder.

Wenn man von Taktiken spricht, ist das die Überrumplungstaktik.

Nicht mit einem zu reden, fand ich nicht so stark. Nun gut, Schröder hatte an dem Tag schon einen Minister verloren, Jost Stollmann. Und dann wollte er wohl nicht noch mit einem anderen in lange Diskussionen eintreten.

Dann standen Sie in der ersten Reihe. Sahen Sie das als Managementaufgabe, oder hatten Sie ein politisches Sendungsbewusstsein?

Hängen wir es tiefer: Wenn ich meine, etwas läuft falsch, versuche ich es zu begradigen. Ich bin relativ früh dafür eingetreten, dass das oberste Ziel der Energiepolitik nicht die Angebotsausweitung sein sollte, sondern die Nachfrageeindämmung. Das heißt: Energie ist nicht unendlich, also müssen wir Energieeinsparpolitik betreiben. Bereits Anfang der 1970er Jahre habe ich darüber mit Abgeordneten zu diskutieren begonnen. Dabei bin ich mit Erhard Eppler von der SPD und mit Herbert Gruhl von der CDU zusammengekommen. Die wurden in ihren Parteien nicht ernst genommen. Kühne These: Hätte man diese Leute ernster genommen, hätte es die Grünen nicht gegeben.

Sie arbeiteten damals bei RWE. Waren Sie Lobbyist?

Mir ging es um meine Überzeugung, was manche Abgeordnete von der CDU nicht verstanden. Die sagten: Und woher bekommen Sie Ihr Gehalt? Von der Angebotsausweitung von Energie! 1978 gab es einen CDU-Parteitagsbeschluss, da steht unter dem Kapitel Energie der bemerkenswerte Satz: Wirtschaftswachstum ist ohne laufenden Energiezuwachs unmöglich. Das war das Ende meiner Bemühungen bei der CDU. Total gescheitert.

Wie erlebten Sie dann als Minister die früheren Kollegen aus der Wirtschaft?

Leider hat sich nur sehr selten einer von ihnen kooperativ in die Wirtschaftspolitik eingebracht. Stattdessen kamen manchmal Vorstandsvorsitzende einen Tag bevor ein Gesetz im Bundestag verabschiedet werden sollte, im Ministerbüro vorbei und erklärten mit der ganzen Aura ihrer Position, dass die Welt untergeht, wenn das Gesetz morgen im Kabinett verabschiedet wird. Da habe ich gesagt: Da hätten Sie vier Monate früher kommen sollen. Auf solche Vorstandsvorsitzenden kann ich nur mit Unverständnis schauen: Die wissen nicht, wie ein Gesetz entsteht. Spätestens wenn an einem Montagabend die Staatssekretäre über einen Gesetzentwurf einstimmig beschieden haben, ist zwei Tage später, Mittwoch, wenn die Gesetzesvorlage ins Parlament geht, grundsätzlich nichts mehr änderbar.

Warum treten Unternehmer so auf: aus Arroganz?

Eher aus Ahnungslosigkeit. Es gibt aber auch andere, die kennen sich gut aus, die wissen, wo sie ansetzen müssen, da müssen sie besonders aufpassen.

Bis zur Finanzkrise hatte man das Gefühl, die Politik würde von der Wirtschaft vor allem als Hemmnis gesehen.

Ja, am konfrontativsten waren die Verbandsleute. Die laden einen ständig zu Veranstaltungen ein, denn es gehört zum Selbstverständnis eines Verbandes, dass, wenn er eine Tagung hat, jemand aus der Bundesregierung eine Rede hält. Die sind dann aber frech genug, schon in der Begrüßung jede Höflichkeit fahren zu lassen. Ich habe mich da zum Teil mit Leuten angelegt: Wenn ich als Ehrengast eingeladen bin und werde in der Begrüßung erst mal vollkommen zur Sau gemacht, dass wir zu viele Vorschriften erlassen, Steuern, Gott weiß was.

Wo passierte Ihnen das?

Bei den Verbandsvertretern. IHK, Handwerk und so weiter. So sind sie halt. Ich hatte in meinen ersten Jahren im Amt noch das Vergnügen mit Hans-Olaf Henkel. Der ist dann zum *Bild*-Kolumnisten befördert worden.

Die fordernde Haltung der Verbände hat Sie wütend gemacht?

Ja, dieses ewige Lamento immer von Leuten, die ihrerseits nicht bereit sind, auch nur irgendwie dem Staat helfend entgegenzukommen. Vieles, was wir als staatliche Regulierung machen mussten, war ja nichts anderes als die Reaktion auf mangelnde Selbstregulierung und Fehlverhalten der Wirtschaft. Was meinen Sie, was wir jetzt für eine Kapitalmarktregie bekommen! Da kommen ganz neue, bisher ungeahnte Regelwerke hoch. Der Staat greift notgedrungen ein, weil er sich nicht auf Selbstregulierung der Wirtschaft verlassen kann.

Auf welcher Seite stehen Sie eigentlich? Fühlen Sie sich heute als Manager, als Politiker oder als Industriepolitiker?

Als Manager. Doch in der Politik bin ich auch gut zurechtgekommen, ich habe mich einfach an den gesunden Menschenverstand gehalten. Ich habe über 300 Wahlkreisbesuche gemacht. Da bekommen Sie ein gutes Verhältnis zu den Abgeordneten. Wenn einer nett war, bin ich hin. Bei irgendeiner Gelegenheit traf ich mal Frau Merkel. Sie berichtete mir von der Schwierigkeit des Schiffbaus an der Küste und was sie da für Probleme in ihrem Wahlkreis hätte. Da sagte ich: Wissen Sie was, da mache ich mal einen Wahlkreisbesuch bei Ihnen! Sie kuckte mich überrascht an. Ich sagte: Was ist das Problem? Da antwortete sie: »Sie wissen, ich bin in der anderen Partei.« Da hatte ich im Moment gar nicht dran gedacht. Ich sagte: »Muss das stören?« Sie wusste dann aber auch nicht, ob das für sie gut ist. Wir sind jedenfalls nicht dazu gekommen.

In der Wirtschaft genießen Sie ein hohes Renommee, als Minister nannte Sie die *Süddeutsche Zeitung* einmal graue Maus.

Graue Eminenz höre ich lieber.

Sie blieben jedenfalls eher unscheinbar.

Man muss nicht überall optisch dabei sein. Hauptsache, es geschieht das, was man will.

Wirklich? Geht es in der Politik nicht vor allem um mediale Präsenz?

Nein. Etliche der wichtigen Entscheidungen, jedenfalls war das in der Regierungszeit Schröders so, wurden zwischen zehn Uhr abends und ein Uhr morgens getroffen. Anfangs noch draußen im – wie heißt es: Grunewald? –, wo Schröder so ein amtliches Haus für teuer Geld gemietet hatte. Da war in aller Regel kein Fernsehen dabei. Später saßen wir dann in seiner Miniwohnung im neuen Kanzleramt.

Man hat den Eindruck, dass Ihnen eine gewisse Lässigkeit sehr wichtig ist. Muss man als Politiker nicht emphatischer, vorgeblich engagierter sein?

Möglich. Aber das hat mir nicht so sehr gelegen. Das brachte mir dann ja auch, wie gesagt, eine Diskussion mit Herrn Schröder ein, von wegen Wiederwahl. Aber man kommt auch so über die Runden. Schröder ist ja zum Schluss wiedergewählt worden, und ich wage mal die These, dass mein Haus durchaus dazu einen Beitrag geleistet hat. Da kam das Hochwasser, und wir hatten in Windeseile ein sehr voluminöses und in der Ausführung im Detail organisiertes Hilfsprogramm. Einen Satz, der aus dem Wirtschaftsministerium kam, den hat Schröder landauf, landab gesagt: »Es geht nach dem Hochwasser keinem schlechter als vor dem Hochwasser.«

Letztlich haben Sie die großen energiepolitischen Weichenstellungen der Bundesrepublik mit entschieden: In der Politik, auf Seiten der rot-grünen Regierung, den Ausstieg aus der Atomkraft und jetzt in der Wirtschaft, mit Evonik, den Ausstieg aus dem Steinkohlebergbau.

Ich wehre mich dagegen, dass ich den Atomausstieg zu Papier gebracht hätte.

Sie waren der Verhandlungsführer der Regierung Schröder bei den Atomgesprächen.

Man kann es ja mal andersherum sehen: Was die Grünen Sofortausstieg nennen, heißt, dass die Energieunternehmen die Kernkraftwerke 33 Jahre weiter betreiben dürfen. Ich habe den Atomkonsens unterschrieben in der Überzeugung, Zeit zu gewinnen. Falls die Kernenergie vollkommen überflüssig sein wird, ist es halt so. Oder die Notwendigkeit wird sich immer deutlicher zeigen, dass wir sie brauchen, dann stehen irgendwann auch die Grünen an der Spitze der Bewegung, damit wir neue AKWs kriegen – wie in Schweden.

Sie sind kein Kernkraftgegner.

In allem, was ich publiziert habe, werden Sie ein klares Bekenntnis zur Kernkraft finden.

Warum stecken Sie dann so viel Kraft in die Abschaffung von etwas, das Sie sogar befürworten?

Wenn eine Technologie auf absehbare Zeit keine Akzeptanz in der Bevölkerung findet, kann man sie nicht weiterführen. Dann muss man sehen, dass man sie für alle Beteiligten anständig beendet, falls man keine neue breite Akzeptanz schaffen kann. Ähnliches gilt für die Steinkohleförderung.

Zum Abschluss Ihrer Karriere wollten Sie Chef der so genannten Kohlestiftung werden, unter deren Dach die Kohlegruben der RAG bis zu ihrer Abwicklung zusammengefasst sind. Dazu wurden Sie im vergangenen Jahr bei Angela Merkel im Kanzleramt vorstellig. Merkel, so stand zu lesen, habe zu Ihnen gesagt: Chef der Kohlestiftung sei nicht drin, aber Chef von Evonik sollten Sie bleiben.

Frau Merkel wählte da schon ein bisschen zartere Worte. So hat sie es vielleicht gedacht, aber sie hat es bewundernswert einfühlsam rübergebracht.

Es entstand jedenfalls der Eindruck, dass sie klarzustellen wusste, wer der Mächtigere ist.

Sie sagte mir, sie würde mich in der Kohlestiftung auch durchsetzen, aber das wäre ein ziemlicher Kraftakt, und hinterher würden nur Verletzte auf dem Feld herumliegen. Also würde sie mir das Angebot machen, ich solle verzichten und einen Freund nennen, der die Aufgabe genauso gut bewältigen könne. Den setze sie durch. Da habe ich gesagt: »Da kann ich Ihnen einen sagen, der ist sogar CDU-Mitglied.« Sie antwortete: »Das ist nicht notwendig.«

Sie halten nicht viel von Parteipolitik.

Ohne Parteien geht es nicht, also muss man sie grundsätzlich unterstützen. Doch wenn mich einer als Minister um einen Gefallen bat, der mir einleuchtete, erfüllte ich ihn, egal welcher Partei derjenige angehörte.

Sie haben bei Ihrer Verabschiedung als Minister in Ihrem Ministerium Schubert spielen lassen.

Ja, die »Winterreise«, gesungen von Thomas Quasthoff. Und das erste Lied beginnt mit den zwei Zeilen: Fremd bin ich eingezogen, fremd zieh' ich wieder aus.

Damit wollten Sie bestimmt etwas sagen.

So ein Ministerium bleibt einem immer etwas fremd. Weil man

letztlich zu kurz da ist, und die Leute wissen das, was man auch spürt: die haben schon viele Minister erlebt. Da kommt auch wieder der nächste.

Wo hatten Sie mehr Macht: als Wirtschaftsminister oder als Konzernchef?

Ich glaube, dass ein Eon- oder auch ein Evonik-Chef grundsätzlich mächtiger ist. Aber Sie können auch als Minister einen Konzernchef in die Knie zwingen. Wenn Sie es wirklich darauf anlegen. Man kann das bei der Bahn beobachten.

René Obermann
»Wenn ich nachts wach werde, geht sofort der Film los«

Drei Jahre ist René Obermann erst an der Spitze der Telekom, und er ist schon einer der bekanntesten Manager Deutschlands: Inbegriff einer neuen Generation von Unternehmenschefs, Lebensgefährte der Moderatorin Maybrit Illner, Gesicht eines Unternehmens, an dem sich in regelmäßigen Abständen der Ärger von Millionen Kunden entlädt. Nur dass diesem Gesicht nichts davon anzusehen ist. Selbst dann nicht, wenn, wie im Sommer 2007, zehntausende Telekommitarbeiter streiken – so viele wie niemals zuvor in der Unternehmensgeschichte.

René Obermann ist von einer seltsam synthetischen Attraktivität. Als man ihm in der Berliner Telekom-Repräsentanz begegnet, sucht man deshalb sein Gesicht als erstes nach Spuren von gelebtem Leben ab, auch von Strapazen, die eine Vorstandstätigkeit mit sich bringt, und: findet nichts. Seine Haut leicht gebräunt. Die Hundefalten um den Mund ein wenig tiefer, als man das im Fernsehen sieht. Er lächelt zur Begrüßung. Dann erstarrt seine Mimik. Sein Blick ist konzentriert und teilnahmslos zugleich. Er ist sehr umgänglich, aber nicht wirklich zugänglich. Obermann rührt in einer Tasse Kaffee und sagt, dass er das Gespräch am liebsten abgesagt hätte, so müde sei er.

Wie sah Ihre Woche aus?

Am Sonntag war ich in Finnland, Montagmittag kam ich zurück, dann am Dienstagabend in die USA, Donnerstagmorgen zurück. Und gestern hatten wir eine Veranstaltung in Berlin, da bin ich abends noch hierher geflogen.

Ist das eine normale Woche für Sie?

So ziemlich. Ich bin vielleicht die Hälfte der Zeit im Büro, die andere unterwegs. Gestern konnte ich nur wegen der Zeitverschiebung nicht einschlafen, ich bin ziemlich übermüdet.

Wie viele Stunden arbeiten Sie?

60, 70 Stunden. Manchmal auch 80. Es kommt darauf an, was man als Arbeit bezeichnet. E-Mails am Abend zwischen zehn und elf – ist das Arbeit, wenn parallel die Nachrichten laufen? Ist ein Abendessen mit Leuten, mit denen man übers Geschäft redet, Arbeit? Oder ist Fahrzeit Arbeit? Dann, würde ich sagen, sind es 80 Stunden.

Wie viel schlafen Sie?

Ich brauche eigentlich sieben Stunden Schlaf, mindestens, um richtig ausgeruht zu sein. Unter der Woche komme ich im Schnitt vielleicht auf sechs.

Das holen Sie am Wochenende dann nach?

Manchmal. Ich schlafe am Wochenende zwar mehr, aber das Gefühl, ein leichtes Defizit zu haben, begleitet einen ständig.

Zum Mythos machtvoller Positionen gehört dieses »Sofort-schlafen-Können«. Von Helmut Kohl hieß es, der steigt ins Auto, ins Flugzeug, in den Hubschrauber und ist sofort weg.

Das mag sein, ich kriege das leider nicht hin.

Nehmen Sie dann Schlafmittel?

Nein, um Gottes willen! Mache ich nicht.

Wie steht's mit dem Aspirin morgens, um in den Tag zu kommen?

Nicht täglich. Täglich ist nicht gesund. Das greift den Magen an. Aspirin nehme ich wirklich nur, wenn ich übermüdet bin und Kopfschmerzen habe.

Und wenn Sie irgendwas brauchen, um wach zu werden?

Ich trinke Kaffee. Wahrscheinlich auch zu viel.

Ohne ein gutes Maß an körperlicher und seelischer Robustheit kommt man in Ihrer Position nicht aus.

Das ist absolut so.

Gab es einen bestimmten Moment, an dem Sie gemerkt haben: Sie sind ziemlich belastbar?

Das hat sich eher über die letzten 20 Jahre entwickelt. Als ich den Vorstandsvorsitz übernommen habe, bin ich manchmal nachts um vier Uhr aufgestanden. Da konnte ich auch kaum mal länger als vier, fünf Stunden durchschlafen. Jetzt stehe ich häufig immer noch zwischen fünf und sechs Uhr auf. Sie müssen sich in so einer Position schon voll einsetzen.

Sie haben kaum geschlafen, sind übermüdet, haben vielleicht noch Kopfschmerzen – wie motiviert man sich in so einer Situation?

Das geht nur über die Sache. Ein Beispiel: Vor einer Woche waren wir bei großen Investoren in den USA. Da hat man sechs bis acht Präsentationstermine an einem Tag – den ersten eine Stunde nach der Ankunft in New York. Also bloß duschen und umziehen.

Kennen Sie nicht das Gefühl, einfach keine Lust zu haben? Dass einen das vollkommen lähmt?

Sie haben ja die Termine, dazu den Druck, die Dinge voranbringen zu müssen. Das ist dann keine Frage der Lust mehr.

Lust ist die beste Motivation.

Das ist idealtypisch so, da haben Sie Recht. Aber leider entspricht es nicht immer dem Leben.

Gibt es Momente, in denen man abschalten kann? Am Wochenende, im Urlaub?

Komplett abschalten? Eher selten. Ich kann mich zum Beispiel an einen Sommerurlaub mit der Familie erinnern, da war ich bis zu sechs Stunden am Tag beschäftigt, in Telefonkonferenzen, am Computer. Keine familiäre Glanzleistung.

Das ist so, seitdem Sie Telekom-Chef sind?

Nein, auch schon vorher, als »einfacher Vorstand«. Ich habe es nie wirklich hinbekommen, im Urlaub richtig Urlaub zu machen.

Dabei hätten Sie es als Vorstandsvorsitzender jetzt in der Hand.

Kann man so sehen – aber eigentlich hat man es weniger in der Hand, das ist paradox. Denn die Anforderung, immer präsent zu sein, ist wesentlich höher als früher.

Ist es der Traum eines Telekommunikationsmanagers, einmal nicht erreichbar zu sein?

Das wäre schon fast unverantwortlich. Es laufen einfach zu viele Sachen auf einen zu, auf die man reagieren muss. Das geht eben nicht anders. Sich als Vorstandsvorsitzender komplett unerreichbar zu machen, das ist aus meiner Sicht Romantik.

Ein Vorstandsvorsitzender erzählte uns, die entspannendsten Stunden in diesem Jahr seien der Nachmittag gewesen, als das Mobilfunknetz der Telekom ausgefallen ist. Er ist Kunde bei Ihnen und war einfach drei Stunden nicht erreichbar.

Die Ruhe gönne ich ihm. Für mich war der Tag der GAU, da ging es an den Lebensnerv der Firma. Millionen unserer Kunden konnten nicht mehr kommunizieren. Große Teile unseres Netzes standen still. Da bekommt man ja selber einen Herzinfarkt.

Was haben Sie gemacht?

Ich habe versucht, keinen zu kriegen. Die Fehlersuche dauerte Stunden. Da kuckt nachher die ganze Nation auf Sie, und am nächsten Tag ist es Thema in der *Bild*-Zeitung.

Konnten Sie technisch nachvollziehen, was passiert war?

Ich wusste grob, welche Komponenten betroffen waren. Die Details musste ich mir aber von unseren Technikern erklären lassen.

War das ein Gefühl von Ohnmacht?

Nein – auf solche Momente sind wir grundsätzlich ja vorbereitet. In so einer Situation müssen Sie darauf achten, dass die richtigen Leute an Bord sind, dass das Notfallprogramm systematisch mit hohem Druck abgearbeitet wird. In diesem Fall ist es trotz dreifacher Sicherung passiert. Grund war ein Softwarefehler, das hat der Lieferant auch eingeräumt.

Die Telekom-Kunden wurden später mit freien SMS entschädigt. War das Ihre Idee?

Das haben sich die Leute von T-Mobile überlegt. Ich kann da nur sagen: »Habt ihr gut durchgedacht, finde ich eine gute Idee.«

Sie waren ursprünglich das, was man einen Selfmademan nennt, Sie haben mit 23 eine eigene Firma gegründet. Jetzt sitzen Sie an der Spitze eines anonymen Konzerns mit 260 000 Mitarbeitern. Wie unterscheidet sich das Arbeiten?

Die Zeiten, in denen ich selbst mit drei Mitarbeitern Werbeflyer an den Ausfahrten von Parkhäusern verteilt habe, sind tatsächlich vorbei. Heute ist alles viel, viel indirekter. Im Vorstand sind wir acht Leute, die werden bei weitreichenden Entscheidungen alle eingebunden. Wegen der in einem börsennotierten Unternehmen immer mitschwingenden Rechtsrisiken sind Sie zu einem hohen Maß an formaler Präzision verpflichtet. Sie müssen oft Gutachten einholen, Analysen machen, mitunter nochmal zusätzliche Beurteilungen und Anfragen. Das ist ein komplexer Prozess. Früher überlegte man kurz und sagte: »Ja okay, machen«; dann ging einer los, suchte eine geeignete Räumlichkeit, und drei Monate später war die Idee umgesetzt.

Gibt es solche Momente noch: Sie haben eine Idee, und wenig später wird die umgesetzt?

Vielleicht wenn sich unerwartet aus einem Abendessen mit einem Kunden etwas ergibt. Dann rufe ich meinen Kollegen an, wenn der noch erreichbar ist, oder schicke ihm eine E-Mail und berichte davon, auch gerne um zehn, elf Uhr abends.

Was passiert dann?

Wenn das auf die Vorstandsagenda gehört, dokumentiere ich das Thema für mein Büro. Dann kommt es bei uns auf den so genannten »Monitor« und wird in Wiedervorlagesysteme eingegeben.

Das klingt wie das langsame Sterben einer Idee.

Nein, es ist Systematik, anders geht es in einem so großen Unternehmen nicht. Aber es ist eher selten, dass ich spontane Ideen habe, die gleich am nächsten Tag zu einem Produkt oder zu einer Initiative führen. Es geht mehr darum, Projekte wie zum Beispiel die Zusammenlegung des Mobil- und Festnetzgeschäfts anzuschieben. Bis so etwas gemacht ist, alle Analysen, Diskussionen, Beschlüsse, und bis das schließlich umgesetzt ist, liegen manchmal Jahre dazwischen.

Macht einen das nicht manchmal wahnsinnig?

Dazu habe ich gar keine Zeit. Wir stecken mitten in einem riesigen Transformationsprozess. Von einer manchmal noch durch die Relikte eines ehemaligen Staatsmonopolisten geprägten Firma hin zu einem effizienten und modernen Service-Unternehmen.

Als Sie vor zweieinhalb Jahren den Vorstandsvorsitz übernahmen, haben Sie den mangelhaften Service der Telekom zu Ihrem wichtigsten Thema gemacht. Wie lange dauert es, so einen Missstand zu beheben?

Das ist eine gigantische Maschinerie, um die 250 000 Servicefälle täglich allein in Deutschland, die wir zu lösen haben – vom defekten Anschluss bis zum Umzug eines Kunden. Wenn Sie parallel zur Qualitätsverbesserung auch Kosten senken müssen, wird die Aufgabe noch langwieriger. Wir sind schon besser geworden, aber für das gesamte Unternehmen ist es ein Prozess von fünf bis sechs Jahren, bis wir die beste Servicefirma sind.

Was ist Ihre Rolle dabei?

Ich muss die Anstöße geben, Strategie und Vorgehen festlegen, die Entwicklungen beurteilen. Aber das Wichtigste bei meiner Arbeit ist es, zusammen mit meinem Vorstandsteam die richtigen Leute auszuwählen und die zu motivieren. Also die erste und zweite Managementebene, Geschäftsführer, Bereichsleiter. Mit denen vereinbaren wir Arbeitsprogramme und Ziele, auf die muss ich mich absolut verlassen können. Sonst funktioniert das System nicht. Sie dürfen da nicht versuchen, selber im Detail zu arbeiten und den Leuten ständig ins Operative hereinzupfuschen.

Woran merken Sie dann, ob sich im Unternehmen etwas verändert? Durch Unternehmenszahlen, Statistiken?

Ja, natürlich durch Zahlen, Fakten und Berichte. Und auch durch Zuschriften. Am Anfang habe ich in der Woche 1000 bis 2000 Briefe und E-Mails von Leuten bekommen, die fuchsteufelswild waren …

… an Ihre E-Mail-Adresse im Büro …

… bei uns im Büro ist es so organisiert, dass ich auf den E-Mail-Posteingang Zugriff habe, also nicht nur alles »vorgefiltert« bekomme. Ich lese nicht alles, das ist unmöglich, aber besonders am Anfang habe ich so viel wie möglich direkt gelesen.

Auch Mails, in denen Sie beschimpft wurden?

Ja, auch. Sie bekommen dann das Spektrum der gesellschaftlichen Stimmung mit. Von aggressiv-beleidigend bis konstruktiv-kritisch. Aber so kriegen Sie ein besseres Gefühl für das Unternehmen. Die E-Mails, Mitarbeiter- und Kundengespräche sind ein gutes Barometer dafür, ob die ganzen Berichte mit der Realität da draußen einigermaßen übereinstimmen. Vieles was beim Vorstand landet, ist ja in Hochglanz aufbereitet – davon darf man sich nicht blenden lassen. Ein anderes Barometer ist der Aktienkurs.

Der einfach nicht steigt.

Da sind alle genervt. Auch wir. Beim Aktienkurs geht es ja um die erwartete Rendite unseres Unternehmens. Wenn man hart arbeitet und gute Fortschritte macht, was mit Zahlen belegbar ist, dann ist das schon schwierig, damit umzugehen.

Die Welt, in der Sie sich bewegen, wirkt hermetisch: Vorstandssitzungen, E-Mails, der Aktienkurs ...

Ist sie aber nicht. Ich bin oft in Kontakt mit Mitarbeitern draußen oder hier in unserer Zentrale in Bonn. Da gehe ich, wann immer Zeit ist, auch in die Kantine und setze mich zu denen. Manchmal schaue ich auch in den Niederlassungen vorbei oder in unseren Telekom-Shops.

Wie häufig machen Sie das?

Eher beiläufig, alle paar Wochen. Wenn ich an einem Samstag einkaufen gehe, dann kucke ich mal rein. Oder zwischen anderen Terminen im In- und Ausland.

Werden Sie sofort erkannt?

Wenn ich direkt auf die Mitarbeiter zugehe, dann meist schon. Im Ausland ist das anders. Besuche ich zum Beispiel in Boston eines unserer Geschäfte, heißt es – wenn überhaupt – erst beim zweiten Hinsehen: »You're from Gemany, I've seen you somewhere before.«

Und wenn Sie mal nicht erkannt werden wollen, an einem Samstagvormittag in Berlin, dann setzen Sie eine Sonnenbrille auf?
Ich bin Gott sei Dank nicht so bekannt. Ab und zu werde ich mal angesprochen von Leuten, die die Wirtschaftspresse lesen.
Hat sich das geändert, seitdem Sie mit der Moderatorin Maybrit Illner zusammenleben?
Die Maybrit ist bekannter, es ist aber nicht so, dass wir belagert werden. Wir können ein ziemlich normales Leben führen. Wir sind auch viel in Bonn, der Rheinländer an sich ist nämlich ganz locker.
Sie haben auch eine Wohnung in Berlin. Dort können Sie sich mit Frau Illner einfach in ein Restaurant setzen?
Klar. Oder wir gehen in ganz normale Kneipen oder auch schon mal in Clubs.
Werden Sie von Sicherheitsbeamten begleitet?
Sagen wir es so: Ich fühle mich gut geschützt.
Bekommen Sie Morddrohungen?
Kam schon mal vor.
Machen die Ihnen Angst?
Eigentlich weniger. Ich kann das auch ganz gut verdrängen.
Sie funktionieren sozusagen.
Es gibt schon Situationen, da denke ich darüber nach. Wenn man in eine Demonstration reingeht und sich dahinstellt und zu Menschen spricht, die aufgebracht und sauer sind. Aber die allermeisten Menschen sind nicht gewaltbereit, sondern friedlich
Haben die Drohungen seit der Affäre um die Bespitzelung von Mitarbeitern bei der Telekom zugenommen?
Habe ich nicht bemerkt, irgendetwas war in den letzten Jahren ja immer: Doping im Team Telekom, ein riesiger Streik, Datenklau, Bespitzelungsaffäre – das nimmt einen selbst ziemlich mit.
Im Zusammenhang mit der Auswertung von Telefondaten sprechen die Medien meist von der »Spitzelaffäre«. Was ist Ihre Bezeichnung?

»Spitzelaffäre« trifft es. Es ging um Bespitzelungen, und es ist eine Affäre, eine ziemlich dicke sogar.

Manfred Balz, der für Datenschutz zuständige Vorstand, sagte, es habe damals eine Art von Paranoia im Management der Telekom geherrscht.

Kollege Balz ist ein kluger Mann, der formuliert immer sehr gekonnt. Aber so weit würde ich nicht gehen. Der Begriff ist mir zu scharf.

Wie würden Sie es denn beschreiben?

Es gab nicht immer so eine gute Zusammenarbeit wie heute. So ein Vorstandsteam muss gut zusammenarbeiten, sonst schadet das dem Unternehmen. Und die Zusammenarbeit war eben damals nicht so gut. Es war allerdings auch eine sehr schwierige Zeit für den gesamten Konzern.

Die beiden großen Datenaffären betreffen beide frühere Staatsfirmen, die Bahn und die Telekom. Hat das etwas mit dem Selbstverständnis ehemaliger Staatsunternehmen zu tun?

Das kann sein. Aber bitte bedenken Sie, bei der Telekom geht es um Vorfälle, die Jahre zurückliegen. Wir gehen trotzdem sehr aufmerksam damit um, die Telekom muss in Zukunft eine führende Rolle beim Datenschutz und bei der Datensicherheit spielen. Dafür haben wir eine Menge getan, und wir arbeiten weiter daran.

Die Telekom fordert von Ihrem Vorgänger Kai-Uwe Ricke und dem früheren Aufsichtsratschef Klaus Zumwinkel jeweils eine Million Euro Schadensersatz. Halten Sie das für angemessen?

Das müssen wir machen.

Mit Herrn Ricke waren Sie befreundet.

Stimmt, und er hat sich immer sehr für die Telekom eingesetzt. Aber trotz allem sind Sie zuallererst dem Unternehmen verpflichtet und können nicht Ihrem Gefühl folgen. Trotzdem – mir fällt das überhaupt nicht leicht. Nur der Ordnung halber sei ergänzt, dass für die Geltendmachung von Ansprüchen gegen Vorstände der Aufsichtsrat zuständig ist.

Kai-Uwe Ricke gilt als Ihr Förderer …

… das würde ich so nicht bezeichnen, Förderer ist mir zu paternalistisch. Wir haben gut zusammengearbeitet …

Er konnte im November 2006 nur abgelöst werden, weil Sie sich dem Aufsichtsrat als Nachfolger zur Verfügung stellten. Das kann man als Freundschaftsbruch sehen.

Über die Details dieses Vorgangs möchte ich nicht mit Ihnen sprechen, aber Ihre Interpretation ist falsch.

Erinnern Sie sich noch an Ihren ersten Tag als Vorstandsvorsitzender?

Ich kann mich nicht mehr an jedes Detail erinnern. Die ersten Tage liefen wirklich ab wie in einem Film, eine fast unwirkliche Situation. Ich bin in einer sehr kritischen Phase Vorsitzender geworden, viele Vorstände sind gegangen und das Unternehmen befand sich in einer schwierigen Situation. Mein Vorteil war, dass ich aus dem Unternehmen kam, ich kannte viele Leute und die Lage, konnte mich also sofort an die Arbeit machen.

Sie mussten das Unternehmen zunächst einmal in den Griff bekommen.

Intern und extern. Unter einer enormen Aufmerksamkeit der Medien, einem enormen Zeitdruck. Allein, was an Kommunikation auf einen einprasselt und wer alles in dem Moment mit einem unbedingt sprechen muss. In diesem fast hysterischen Umfeld muss man sehr strukturiert an die Aufgabe rangehen.

Im Kern geht es darum, dass kein Machtvakuum entsteht.

Die Leute drinnen und draußen wollen wissen, wie es weitergeht. Sie müssen den engen Mitarbeitern ziemlich schnell ein paar Grundsätze darlegen, Ziele und Orientierung geben. Vor allem sagen, wer für was erstmal zuständig ist. Damit sie dieses Gefühl der Unsicherheit – »Was passiert denn jetzt?« – loswerden. Das war alles extrem hektisch.

Bei einem Neujahrsfest der Telekom 2007 sagten Sie: »Wir sehen

uns in einem Jahr wieder – hoffentlich.« Hatten Sie damals Zweifel, ob Sie Ihr Amt ausfüllen könnten?

Ich habe das damals eher ironisch gemeint. Ich denke, dass ich die Aufgabe ganz gut bewältigen kann. Aber es hat zwei Jahre gedauert, mit angemessenem Selbstvertrauen den etablierten Herren gegenüberzutreten. Bei neuen Aufgaben hatte ich am Anfang nie den Eindruck »das mache ich jetzt mit links«. Inzwischen kann ich den Druck aushalten, auch diese ständigen öffentlichen Debatten um »Was macht er richtig und was macht er falsch?«. Da gehe ich mit einer gewissen Gelassenheit drüber.

Zwischenzeitlich gab es aber Momente, in denen Sie sich überfordert fühlten?

Sagen wir es so: Ich habe mich schon oft bis an die Grenze gefordert gefühlt.

Wie geht man mit so einer Situation um?

Ein typisches Beispiel ist, nachts um zwei Uhr wach zu werden, nach der ersten Schlafphase, und dann geht sofort ein Film los. Da sind dann alle Themen, die Sie meinen noch nicht im Griff zu haben, sofort präsent.

In diesem Zustand werden die Dinge meist auch dramatischer, als sie sind.

Genau.

Es heißt, Sie seien ein religiöser Mensch. Hilft Ihnen dann der Glaube?

Ich bin ein gläubiger Mensch, habe einen Bezug zur Kirche und gehe auch in den Gottesdienst, wenn sich die Gelegenheit bietet.

War das schon immer so?

Als Jugendlicher nicht, erst seit ca. 20 Jahren. Ich habe die Erfahrung gemacht, dass man aus dem Gebet Kraft schöpft.

Da gibt es dann nicht den Topmanager René Obermann, da können Sie Schwäche zeigen?

Das tue ich ohnehin. Ich halte das Bild eines immer starken, immer beherrschten, immer völlig unverletzbaren Managers ohnehin für Unsinn. Dieser Managertyp hat seinen Nimbus längst verloren.

Ist die Spiritualität des Glaubens auch ein Ausgleich zur Rationalität des Managements?

Sie kann Orientierung geben in schwierigen Fragen. Mindestens ist sie eine Grundlage für das Gewissen.

Stammen Sie aus einem religiösen Elternhaus?

Kirche und Religion haben bei uns keine besondere Rolle gespielt, weder negativ noch positiv.

In den Porträts über Sie heißt es häufig, Sie seien »in bescheidenen Verhältnissen« aufgewachsen.

Das stimmt.

Wie kann man sich das vorstellen?

Meine Großeltern haben mich erzogen. Der Großvater hatte in Krefeld eine kleine Druckerei mit ein paar Mitarbeitern, allerdings ging es ihnen wirtschaftlich nicht sonderlich gut. Er musste bis zu seinem Lebensende arbeiten. Früher sagte man dazu, »er hat nicht geklebt«, also keine Rentenmarken gesammelt. Es waren bescheidene Verhältnisse. Ich habe gelernt, sparsam zu sein und mit den Dingen sorgsam umzugehen.

Ihre Mutter war Teil der Düsseldorfer Künstlerszene. In den 1970er Jahren, der Hoch-Zeit von Joseph Beuys und Gerhard Richter.

Sie war zuerst Schauspielerin am Theater, danach hat sie in Düsseldorf Kunst studiert. Ich glaube, sie hat die Parallelklasse der Beuys-Klasse besucht.

Es gibt das schöne Zitat von Ihnen: »Die haben immer geredet und geredet, aber nie gemalt.«

Das war meine Wahrnehmung als Zehnjähriger, wenn ich meine Mutter an der Kunstakademie besucht habe. Da saßen Beuys und die anderen eben auf den Tischen und haben diskutiert. Was ich aus der Zeit mitgenommen habe, ist ein Bezug zu dieser Kunst. Ich kucke mir immer noch gerne Arbeiten von Imi Knoebel an. Oder von Immendorf und Kricke.

Wenn Sie Ihre Mutter besucht haben, hat Sie das Leben dort eher angezogen, oder haben Sie es abgelehnt?
Es war der totale Kontrast zu dem bürgerlichen, handwerklichen Umfeld meiner Großeltern. Ich hatte wirklich zwei Pole, auch die Welt meiner Mutter, die ich durchaus spannend fand.
Wie waren Sie selber? Der eher akkurate Schüler?
Eher der stinknormale. Ich war in meiner Jugend nie extrem auf der einen oder anderen Seite. Weder war die Rote Zelle an unserer Schule meine Heimat, noch das konservative Schülerlager.
Trugen Sie lange Haare?
Immer normal, so wie jetzt.
Sie haben relativ früh geheiratet, sind Vater von zwei Kindern. Ist der Wunsch nach einem strukturierten Leben auch aus Ihrer Kindheitserfahrung entstanden?
Mein Wunsch nach einem geregelten Leben, nach einer Familie kam vermutlich auch daher.
Gleichzeitig müssen Sie einen ziemlichen Ehrgeiz entwickelt haben. Ihr Partner, mit dem Sie mit 23 das Telekommunikationsunternehmen ABC aufgebaut haben, sagte, Sie wollten immer schon an die Spitze eines großen deutschen Unternehmens.
Da ist was dran.
Manager war also Ihr Berufswunsch?
Ich wollte schon immer gerne etwas Besonderes auf die Beine stellen, was erreichen. Sie können das »Ehrgeiz« nennen. Vielleicht gibt es auch ein schöneres Wort dafür.
Ambition.
Die hätte man immer gerne, es ist vermutlich doch einfach Ehrgeiz. Ist ja auch okay.
Sie haben Ihr Unternehmen dann für zehn Millionen Mark verkauft.
... über den Verkaufspreis habe ich noch nie gesprochen. Diese Zahl stimmt jedenfalls nicht.

Es war auf jeden Fall viel Geld. Sie waren damals 28. Woher nimmt man dann den Antrieb, weiterzumachen?

Mich hat die Mobilkommunikation immer sehr fasziniert.

Dass Sie Ihre Firma verkauft haben und in ein großes Unternehmen wie die Telekom gegangen sind – hat das auch damit zu tun, dass Sie eine Art offizieller Anerkennung für Ihre Arbeit haben wollten?

Die Frage nach dem Motiv habe ich mir selber oft gestellt. Wir waren ja sozusagen Provinzfürsten, wenn Sie es unter dem Prestige-Gesichtspunkt sehen wollen. Und unsere kleine Firma in Münster war durchaus bundesweit bekannt. Der Hauptgrund war eher, dass ich nicht mehr die Produkte anderer Hersteller verkaufen, sondern an die Quelle wollte. Dahin, wo die Netze und die Technik entwickelt werden.

Es gibt außer Ihnen keinen anderen amtierenden Vorstand eines DAX-Unternehmens, der nicht studiert hat. Hat man Sie das spüren lassen?

Ist mir jedenfalls nicht aufgefallen.

Haben Sie es mal als Defizit empfunden, haben Sie sich gedacht, »das muss ich mit anderen Talenten wettmachen«?

Nicht wegen mangelnder Anerkennung. Ich habe mich ja trotzdem ganz gut »hocharbeiten« können. Aber wenn Sie heute in einem unternehmerischen Umfeld aufwachsen, wenn die Mittel da sind, um auf eine der privaten Universitäten gehen zu können, ein Jahr im Ausland zu verbringen, dann haben Sie bessere Startbedingungen, als wenn Sie die Ochsentour machen. Es ist mühsamer, sich das alles selber anzueignen, die Systematik, Analytik, das wirtschaftliche Fachwissen, die Allgemeinbildung etc.

Wie haben Sie sich das angeeignet?

Durch Lesen, durch Kurse hie und da, aber vor allem durch Praxis und Erfahrung. Vor sieben Jahren war ich bei einem Managementkurs der Telekom dabei. Darauf habe ich mich Wochen und Monate vorbereitet. Ich habe in der Zeit dann vermutlich mehr gelernt als manche in einem ganzen Studienjahr. Das hat mir einfach Spaß gemacht. Ich bin ein lernbegieriger Mensch.

Haben Sie sich auch coachen lassen?

Vor 15 Jahren mal, um Teams mit erfahrenen Leuten besser zu führen, aber im Wesentlichen war es *learning by doing*. Ich war auch mal bei einem Medientraining, aber ehrlich gesagt, viele der Grundsätze, die man da vermittelt bekommt, habe ich verletzt.

Welches Wort verbieten einem Medientrainer als erstes?

Wenn Sie mit einer Frage konfrontiert werden, die Sie mit einem negativen Begriff assoziieren, dann dürfen Sie den Begriff nicht wiederholen. Das ist eine der Sachen, die einem eingetrichtert werden.

Wenn man Sie, wie geschehen, als »Dobermann« oder »Bulldozer« bezeichnet?

Im Interview fragt man Sie dann: »Sie werden ja als Bulldozer bezeichnet in der Presse. Wie stehen sie dazu?« Dann sollten sie nicht sagen: »Was ich, Bulldozer? Nein, ich bin kein Bulldozer!« Sie lernen in Medientrainings, diese Begriffe nicht wieder aufzunehmen.

Gibt es irgendwas, was Sie aus den Medientrainings für sich selber mitgenommen haben?

Ja, wenn man bestimmte Kernbotschaften hat, darauf zuzuhalten, sich also nicht zu sehr aus dem Konzept bringen zu lassen.

Bevor Sie Vorstand der Telekom wurden, haben Sie T-Mobile, die Mobilfunknetzsparte, geleitet. Da hieß es immer, René Obermann sei so ein unverkrampfter, unkonventioneller Chef. Heute heißt es das nicht mehr. Schleift eine Position wie die Ihre die Spontaneität ab?

Ich glaube, mein Grundgerüst hat sich nicht verbogen. Ja klar, ich war früher spontaner. Ich habe im Laufe der Jahre gelernt, erst zu überlegen, mich auch mal zurückzunehmen, vielleicht etwas diplomatischer zu sein. Aber im Kern habe ich mich nicht verändert.

Braucht man eine bestimmte Verbissenheit, um in so eine Position zu kommen?

Wahrscheinlich. Die müssen Sie nur irgendwann wieder loswerden, sonst halten Sie so eine Position nicht lange aus. Die eigene Verbissenheit frisst Sie sonst auf.

Das Interview wurde gemeinsam mit Andreas Bernard geführt.

Hubertus von Grünberg
»Management ist größtenteils Muskelarbeit«

Der »weiße Hai« hat Beine, die so lang sind, dass er darüber zu stolpern drohte, als er weglief nach dem Interview, quer durchs Foyer des Hotels Luisenhof in Hannover, weil er seiner Frau versprochen hatte, schon vor anderthalb Stunden zu Hause zu sein. Sein aggressiver Managementstil brachte Hubertus von Grünberg, 67, den Spitznamen »weißer Hai« ein: Mit rigorosen Sparprogrammen verärgerte er die Gewerkschaften; missliebige Mitarbeiter duldet er nicht lange um sich. Einen, so heißt es, schickte er einmal auf eine Dienstreise, von der er nicht mehr zurückkehrte. Doch mit seinen Methoden schaffte es Hubertus von Grünberg den maroden Reifenhersteller Continental zum profitablen Autozulieferer umzubauen. 1999 wechselte er auf eigenen Wunsch vom Vorstandsvorsitz zum Aufsichtsratsvorsitz. Dort saß er und zog die Fäden – bis zum 24. Januar 2009. Auf einer außerordentlichen Aufsichtsratssitzung musste er einem Vertreter der Schaeffler-Gruppe seinen Stuhl überlassen.
Die Geschichte von Schaeffler und Conti ist neben denen von Opel, Porsche und VW die dramatischste in der Wirtschaft des Krisenjahres. Die Kontrahenten: Maria-Elisabeth Schaeffler, Erbverwalterin ihres Mannes, und von Grünberg, der in der Relativitätstheorie promovierte Physiker. Hinterrücks hat Schaeffler den dreimal größeren Konkurrenten Continental weitgehend übernommen. Erst wurde die Geschichte als Heldengeschichte erzählt: von einer mutigen Mittelständlerin, die über einen Konzern triumphierte. Dann brachen die Aktienmärkte und die Automobilindustrie ein, und jetzt steht der neu geschaffene Konzern Schaeffler/Conti mit dem Rücken an der Wand.
Von Grünberg ist noch Verwaltungsratschef von ABB, einem Elektronikkonzern, dem Schweizer Pendant zu Siemens. Dort machte er seinem Spitznamen alle Ehre und setzte den Manager Fred Kindle trotz guter Zahlen vor die Tür. Dabei sieht Hubertus von Grünberg mit seinen braunen Augen, den dichten Augenbrauen und seinem schelmischen Gesichtsausdruck eigentlich sehr freundlich aus.

Sie haben über die Relativitätstheorie promoviert, um sich dann ein Leben lang mit Autoteilen zu beschäftigen. Hat Sie das nie gestört?
Ich bin Naturwissenschaftler, und für mich ist die Aufgabe, eine Firma zu leiten, ein hoher Anspruch. Da sollte keiner sagen, »das ist mir nicht intelligent genug«. Diese Art von Intelligenzia verabscheue ich.

Es macht mir Spaß, ein Unternehmen in einer Form vorzufinden und in ganz anderer Façon wieder zu verlassen.

Ihre Promotion in theoretischer Physik haben Sie einmal so kommentiert: »Danach kann einem im Beruf nichts mehr Angst machen.« Wie meinten Sie das?

Ich habe mir an der Universität Köln das Studium ausgesucht, in dem die Durchfallquote am höchsten war. Die lag in theoretischer Physik und reiner Mathematik bei 90 Prozent. Und da ich ein Technikfreak war, habe ich mich dann für Physik entschieden.

Damit fühlten Sie sich für den Beruf des Managers gewappnet?

Es hat meine Grundhaltung bestimmt. Ich habe mich in der Schule oft gelangweilt. Deshalb habe ich mir einiges geleistet, ich war das »enfant terrible« …

… als das Sie noch heute gelten.

Mit dieser Überheblichkeit habe ich vermutlich einige Leute vor den Kopf gestoßen. Aber wenn man zur Langeweile neigt, muss man Dinge machen, die nicht jedem gefallen. Bei Routine werde ich unleidlich, das habe ich nicht ablegen können. Ich habe mit 56, nach acht Jahren Vorstandsvorsitz von Continental, gesagt: »Ich mag nicht mehr.« Das ist allgemein nicht verstanden worden, ich habe dafür viele Prügel bezogen. Aber ich muss meinen Prioritäten auch irgendwie gerecht werden. Ich habe mit 56 aufgehört, weil ich nicht mehr mit klopfendem Herzen zur Arbeit gefahren bin.

Sie scheuen die Normalität, das, was man die Mühen der Ebene nennt.

Eine Polarexpedition kann auch anstrengend sein. Und zum Nordpol zu gelangen und gesund zurückzukehren, ist ganz was Feines, wenn noch keiner vorher da war. »Business as usual« mache ich nicht gut. Ich suche mir dann das Betätigungsfeld, ein Unternehmen, wo man dramatisch etwas zum Vorteil der Belegschaft und der Aktionäre verändern kann. Es geht um diese Aggressivität eines Planes, für die ich eigentlich lebe.

Sie wollen nicht weniger, als die Welt zu gestalten.

Zur Weltgestaltung fehlt mir die Puste. Da habe ich auch nicht den Job und die Größe dafür. Aber ich versuche, das mir Anvertraute zu optimieren und nicht nur am Laufen zu halten. Das war schon mit 34 so, als ich für den Autozulieferer Teves nach Brasilien ging. Ich bin neben das Unternehmen gezogen, statt ins zwei Stunden entfernte São Paolo. Ich wohnte in einem kleinen, schäbigen Haus direkt neben der Fabrik mit der Gießerei und den Kompressoren. Die waren so laut, dass immer irgendwelche Ziegel vibriert haben. Da bin ich aufs Dach gestiegen und habe jede Menge Kaugummis dazwischengeklebt – aber es hat trotzdem immer noch irgendein Ziegel vibriert. Meine drei Vorgänger hatten dort allesamt Geld verloren, ich habe im zweiten Jahr so viel Gewinn gemacht, dass ich in den USA eine Auszeichnung bekam.

Sie sehen sich als einsamen Helden.

Einsame Helden gibt es nur in Romanen. Wir Manager tun unseren Job, eingebunden in ein komplexes System aus Kapital, Kundschaft, Mitarbeitern, Öffentlichkeit. Wir haben unsere Rolle.

Die Sie radikal ausfüllen: Sie werden der »kreative Zerstörer« genannt, der Inbegriff des Managerbilds von Joseph Schumpeter.

Das gefällt mir nicht so ganz, weil gerade bei Continental tatsächlich ein paar Sachen kaputtgegangen sind …

… im Zusammenhang mit der Fusion mit Schaeffler, die Sie als Aufsichtsratschef von Continental erlebt haben …

… ja, und diese Form von Zerstörung gefällt mir wenig.

Die Übernahme von Continental durch die Schaeffler-Gruppe gehört inzwischen zu den großen Wirtschaftsdramen der deutschen Industriegeschichte.

Mir wäre etwas weniger Drama sehr recht gewesen.

Es ging um eine feindliche Übernahme, die Königsklasse in der Disziplin des Managements. So etwas geht nicht ohne Drama.

Die Königsklasse ist, wenn sie aus einer feindlichen Übernahme eine freundliche machen. Sie müssen die Manager im anderen Unternehmen, die Finanzinstitute, die Kunden für sich gewinnen. Bis der Leser des Wirtschaftsteils denkt: »Ach, das sieht aber sehr freundlich aus«; keine Spur mehr von feindlich.

So gesehen ist die Übernahme von Continental auf jeden Fall gescheitert: Sie mussten Ihren Posten als Aufsichtsratschef aufgeben, der halbe Vorstand dazu und der Vorstandsvorsitzende auch. Kurz davor hatte der das Vorgehen der Schaeffler-Gruppe noch öffentlich drastisch beschrieben, als »egoistisch, selbstherrlich, verantwortungslos«.

Natürlich kochen die Emotionen in solchen Fällen schon mal hoch. Ansonsten sollte das nicht sein.

Sie hatten Frau Schaeffler ursprünglich sogar angeboten, sich an Continental zu beteiligen ...

... wahr ist, dass ich vor zwei Jahren gemeinsam mit unserem Vorstandsvorsitzenden zu ihr gefahren bin, um sie als eine gewichtige Investorin zu gewinnen. Ich habe damals auf eine Beteiligung gehofft, so wie sie Johanna Quandt bei BMW hat, als stille Teilhaberin. Wir wollten uns so auch vor fremden Übernahmen schützen.

Wussten Sie, auf wen Sie sich da einließen?

Ich war mit Georg Schaeffler befreundet, daher kannte ich Frau Schaeffler. Nach dem Tod Ihres Mannes im Jahr 1996 rief sie bei mir an und sagte: »Helfen Sie mir!« Und ich habe ihr geholfen. Zwei Jahre lang.

Jetzt steht Continental am Abgrund. Weil sich Frau Schaeffler bei dem Versuch, in das Unternehmen einzusteigen, vollkommen übernommen hat.

Es ist viel zu früh, das Thema heute schon endgültig zu bewerten. Ehe man sich grämt, muss man daran mitarbeiten, zu retten, was zu retten ist. Und das tue ich.

In der ganzen Auseinandersetzung zwischen Schaeffler und Continental spielt offenbar das Irrationale eine große Rolle: Frau

Schaeffler, die den Nachlass Ihres Mannes retten will; Sie, ein Mann, der um sein Lebenswerk kämpft. Dabei nimmt man doch eigentlich an, in Ihrer Sphäre bestimme die Rendite.

Management handelt immer auch von Mut, Ehrgeiz, Beharrlichkeit und Ängsten. Wer das Gegenteil behauptet, lügt.

Kann es nicht sein, dass Sie Management nur in dieser dramatischen Dimension ernst nehmen können?

So weit würde ich nicht gehen. Durch meine eigene unruhige Karriere habe ich jedenfalls eine tiefe Abneigung gegen die Machtbewahrer. Dieser Typus von Managern macht mir heutzutage in den Spitzenpositionen Sorgen.

Das Spontane, das Gewagte wird einem Manager zunehmend ausgetrieben. Weil er eingeklemmt ist zwischen den Interessen von Analysten, Investoren, Kunden.

Wie man seine Rollen definiert, das hat man in unseren Positionen immer noch selbst in der Hand. Ich glaube, die Verzagtheit mancher Manager hat eher eine kulturelle Dimension: In Deutschland darfst du nicht verlieren, sonst wirst du gesellschaftlich geächtet; in den USA darfst du verlieren und bekommst einen Neustart. Es ist nicht das Ende deines Ansehens und nicht das Ende deiner Mitgliedschaft im Country Club, wenn du mal in die Knie gehst.

Das Bild des Comeback-Kids.

Die Amerikaner lieben es. Wenn du in Deutschland scheiterst, bedeutet es oft das Aus. Ansehen, gesellschaftliche Kontakte und Karriere sind beendet. Und die Frau wird in der Boutique geächtet: »Na, liebe Emilie – was ich von Ihrem Mann gelesen habe, ist ja auch unerfreulich!« Die Frau schämt sich, in die Boutique zu gehen, und weil sie sich nicht mehr raus traut, kauft sie im Katalog oder im Internet ein. Das ist jetzt überzeichnet, aber in den USA gibt es das in dieser Form nicht.

Nach welchen Kriterien suchen Sie sich Ihre Mitarbeiter aus?

Das kommt auf die Aufgabe an. Als ich bei Continental anfing, hatten wir das Problem, dass wir bei der Reifenausrüstung von Neuwagen traditionell Verluste machten. Und die Kollegen haben gesagt: »Kannst du vergessen, das können wir nicht drehen.« Da habe ich rumgefragt unter den jungen Wilden im Konzern, den Aggressiven, die für schwierige Jobs in Frage kamen. Ich habe mit dem einen oder anderen in der Kantine gegessen, und einer hat gesagt: »Ich mach das!« Dann habe ich geantwortet: »Wenn es nicht klappt, müssen Sie mir das rechtzeitig sagen. Kommen Sie so schnell, dass Ihre Niederlage nicht offenkundig ist, dann kann ich Sie fürs Unternehmen halten.« Dann sagte er: »Die Wette gilt.« Und ich erwiderte: »Wenn Sie es schaffen, werden Sie der jüngste Vorstand des Hauses.« Die PKW-Reifen schreiben seither schwarze Zahlen. Auch in der Erstausrüstung. Diese Aufgabe war ein Tabu, eine *mission impossible.*

Einen, der nicht mitgezogen hat, schickten Sie auf eine lange Reise, »von der er nicht mehr zurückkehrt«. Das haben Sie so gesagt.

Ja, es gab mal einen, der war nach einer langen Geschäftsreise nicht mehr im Unternehmen. Aber ich habe mich mit Widerspruchsgeistern auch *ad infinitum* herumgeplagt und mich nie getrennt. Es gibt ganz lebendige Beispiele für Leute, die nicht gerne Kompromisse machten, immer ihren eigenen Kopf hatten, aber sehr wertvoll waren und von denen ich mich nie gelöst habe. Mutiger Widerspruch zur rechten Zeit kann durchaus auch spielentscheidend sein.

Es geht auch weniger um Widerspruch, sondern darum, dass jemand Ihren Ansprüchen nicht genügt.

Wenn einer sagt: »Geht nicht!« und eigentlich meint »Will nicht!«, wenn Sie dem ein- oder zweimal vorgemacht haben, dass es doch geht, indem Sie selbst tief einsteigen, Zeit reinstecken, wenn der dann zum dritten Mal sagt: »Geht nicht!«, dann kann es schon mal sein, dass er gehen muss. Die anderen Mitarbeiter verfolgen das ja und sagen: »Solange er den gewähren lässt, brauche ich mich nicht so stark anzustrengen.«

Sie halten nicht viel von Ihren Mitarbeitern.

O doch, ich verdanke ihnen alles. Aber wir sprechen hier ja über wirklich gut bezahlte Manager, nicht über Techniker oder den Arbeiter in der Produktion. Da verlange ich, dass sich die Leute reinknien. So wie ich es tue. Wissen Sie, was ich gerade lese?

Nein.

High Voltage Engineering. Ich verstehe nämlich nicht genügend von Hochspannungstechnik, doch das muss ich als Präsident von ABB, die sind nämlich am Kraftwerksbau beteiligt. Ich sitze auch im Aufsichtsrat der Telekom, davon verstehe ich gerade so viel, dass der René Obermann nicht über mich lacht, aber das reicht. Wo ich nicht den Vorsitz habe, kann ich sagen: »He, Herr Vorsitzender, wie geht es jetzt weiter?« Wo ich ihn selber habe, muss ich sehen, dass ich mir eine richtige Idee überlege für den nächsten Schritt. Und bei ABB weiß ich dafür noch nicht genug. Deshalb habe ich *High Voltage Engineering* auf dem Schreibtisch. Das ist ein dicker Wälzer.

Sie verlangen absolute Hingabe.

Wenn man den Punkt erreicht hat, an dem man Dienst nach Vorschrift macht, muss man sich neue Aufgaben suchen, anstatt zu sagen: »Der Job ist aber gut bezahlt. Dann mache ich eben weniger.« Als ich das meiner Frau erzählt habe, hat sie gesagt: »Völlig falsche Entscheidung. Mach weiter und geh um vier nach Hause.«

Hat Ihre Frau gearbeitet?

Ja. Aber sie musste ihre Arbeit aufgeben, als wir nach Brasilien gingen. Meine Frau ist Maschinenbautechnikerin und konnte in der Einöde im Umfeld des Werkes, wo wir wohnten, keinen Job finden. In der gleichen Firma wollte ich sie nicht haben, eine andere Firma war nicht da.

Sie haben sich im Studium kennen gelernt?

Nein, bei Teves. Noch bevor wir uns dort kennen lernten, habe ich zu einem Kollegen gesagt – es war Freitag, und wir waren noch an der Arbeit: »Jetzt ist es halb zehn, ich geh jetzt, ich bin Junggeselle, ich muss mich noch etwas umtun.« Er antwortete: »Sie müssen jetzt nicht fortgehen. Sie haben keinen Buckel und einen guten Job, das klappt bei Ihnen mit dem Heiraten auch so.« So kam es. Und meine Frau ging mit mir überallhin, durch dick und dünn.

Gibt Sie Ihnen Ratschläge?

Sie ist ein guter Techniker, und ich kann ihr viele technische Probleme übergeben. Die löst sie immer irgendwie. Aber was meine Arbeitsauffassung angeht, die kann sie nicht wirklich verstehen. Als ich 1991 bei Continental den Vorstandsvorsitz übernommen hatte, kam einer von Deutschlands bekannteren Beratern zu mir und sagte: »Conti ist nichts, was man zu lange machen sollte. Sie sind jetzt zwei Jahre dort. Conti ist nur ein Sprungbrett. Conti ist ein Loser.«

Der Berater war Roland Berger …

… das »Wer« ist hier nicht von Relevanz. Nachdem der Berater mir das gesagt hatte, habe ich den Wert der Aufgabe erst begriffen: Das war wieder meine theoretische Physik, jetzt hatte ich wieder eine *mission impossible*. Und ich bin mit einer großen inneren Befriedigung zu meiner Frau gegangen und habe gesagt: »Jetzt ist der Job schön! Bisher war er gut, jetzt ist er schön. Der Berater hat gesagt: ›Geht nicht!‹« Das konnte sie nicht verstehen.

Continental wurde eine Erfolgsgeschichte. Wie hat der Berater reagiert?

Er hat es mehrfach versucht und irgendwann verstanden: Der Kerl will wirklich keine bezahlte Beratung.

Haben Sie nie eine Unternehmensberatung in Anspruch genommen?

Nur in Detailfragen, bei denen Experten manchmal notwendig sind.

Sie lehnen Berater ab?

Unternehmertätigkeit ist zu fünf Prozent Kopfarbeit und zu 95 Prozent Muskelarbeit. Warum soll ich mir die fünf Prozent, die das Einzige sind, was am Geschäft wirklich faszinierend ist, was Spaß macht, von anderen erledigen lassen und dafür auch noch Geld bezahlen? Dafür, dass sie mich dann mit der Muskelarbeit zurücklassen? Außerdem wäre das unredlich gegenüber den Aktionären. Wenn man sich für die ureigenste Arbeit des Vorstandsvorsitzenden – die Strategiefindung – maßgeblich helfen lässt, sollte man eigentlich einen Teil seines Gehaltes als Vorstandsvorsitzender zurückgeben.

Erscheinen Ihnen die Konzepte der Berater zu schablonenhaft: Kosten runter, Rendite rauf?

Lassen Sie es mich so sagen: Ich finde es etwas inkonsistent, wenn wir Unternehmer Berater beschäftigen, uns aber über manche Analysten echauffieren, denen wir viel Zeit widmen müssen. Diesen manchmal sehr jungen, operativ selbst unerfahrenen Leuten, die die Wertpapierempfehlungen schreiben. Berater sind oft von ähnlichem Kaliber in puncto Wissen, Erfahrungshintergrund und Alter. Warum sollte ich für so jemanden nun plötzlich größere Summen bezahlen wollen?

Bei den Beratern geht es auch darum, von außen einen Blick auf das Unternehmen zu bekommen. Haben Sie den nicht nötig?

Wenn ich glaube, ein Unternehmen vom Grünen Tisch aus alleine führen zu können, dann bin ich eine echte Gefahr und gehöre entfernt. Aber wissen Sie, wer den besten Blick von außen hat? Der Kunde! Man muss dauernd beim Kunden auf dem Schoß sitzen und fragen: »Was machen wir falsch?«, »Wo sind wir schlecht?«. So gut kann kein Unternehmensberater sein wie die Kunden weltweit. Und alle diese Tipps bekomme ich gratis.

Trotzdem wimmelt es in den meisten größeren Unternehmen nur so von Beratern.

Oft kaufen Manager ja nicht die Intelligenz des Beraters oder seine bessere Einsicht ins Geschäft. Sie kaufen die Alibifunktion, das Feigenblatt. Sie wissen, schon bevor die Berater kommen, dass tausende Stellen wegfallen müssen. Und sie fragen sich: »Wer sagt das meinem Betriebsrat? Ich doch nicht! Ich habe ja hier Mitbestimmung! Das muss ein anderer meinem Betriebsrat sagen.« Die Berater werden einfach als Prügelknaben gebraucht.

Sie haben gerade die Psyche von Beratern und Analysten beschrieben. Die Berater müssen Sie nicht beschäftigen, doch mit den Analysten müssen Sie klarkommen: Die schreiben die Empfehlungen für Ihre Investoren. Das ist ein schwieriger Rollenwechsel: Einerseits ist man Chef, andererseits muss man um Geld buhlen. Gibt es eine Möglichkeit, dabei die Würde zu wahren?

Sie brauchen die richtige Definition von Würde. Der Souverän des Unternehmens ist der Eigentümer, das Kapital, der Aktionär. Und der Aktionär liest offenbar die Berichte der Analysten. Und mein Finanzchef kommt deswegen zu mir und sagt: »Grünberg, kannst du dich bitte zum Vier-Augen-Gespräch mit dem Sowieso treffen?« Dann frage ich: »Soll ich das wirklich noch dazwischenschieben?« – »Ja, wir haben die dringende Bitte.« Wenn deren Papiere nun mal von unserem Souverän gelesen werden, ist das ein Faktum, das ich anerkenne.

Sie sagen, das Kapital ist der Souverän. Warum muss das so sein?

Ich sage nicht, dass der Unternehmer nicht auch eine weitergehende Verantwortung hat. Ich sage nicht, die Belegschaft sei unwichtig. Aber der Eigentümer, das Kapital, ist der Souverän des Unternehmens. Denn am Ende muss ich dem Kapital auch im Hinblick auf meine Belegschaft gerecht werden. Die Belegschaft erwartet vom Vorstandsvorsitzenden, dem bezahlten Angestellten, zu Recht ein konstruktives Verhältnis zum Kapitalgeber.

Wieviel Zeit entfällt auf die Pflege des Kapitals?

Vielleicht zehn bis zwanzig Prozent der Arbeitszeit. Direkt für Termine mit Analysten und Ähnliches. Die eigentliche Frage ist aber, wie groß ist die indirekte Beanspruchung? Dadurch, dass ich komplexe Sachverhalte einleuchtend und sehr verständlich erklären muss. »Kapital ist scheu wie ein Reh«, hat André Kostolany gesagt.

Aber die Arbeit mit dem Analysten hat ja immer auch eine menschliche Seite. Eine erste Begegnung mag schwierig sein, aber wenn man trotzdem positiv auf ihn zugeht, dann sind die Folgetreffen oft recht erfreulich.

Trotzdem scheint klar, wer Koch und wer Kellner ist. Die Würde des Managers ist also nicht unantastbar.

Kein Dienst für den Aktionär ist a priori unwürdig. Ein Chef ist immer auch zugleich Diener.

Jürgen Hambrecht
»Wer in meiner Position Angst hat, ist fehl am Platz«

Ludwigshafen, eine sterbende Stadt. Am Bahnhof halten nur noch Regionalzüge. In den Geschäftsstraßen Billig-Supermärkte und Zu-vermieten-Schilder. Eine vierspurige Schnellstraße führt zur BASF hinaus. Durch eine Fußgänger-Unterführung geht es hindurch, an einer Pforte vorbei, an der man einen Zettel bekommt, darauf wird gewarnt, im Störfall nicht durch Pfützen zu laufen. Man betritt das Betriebsgelände des größten Chemieunternehmens der Welt.

Jürgen Hambrecht, der Vorstandsvorsitzende, sitzt in einem wuchtigen Backsteinbau aus der Gründerzeit, gleich hinter dem Eingang. Hambrecht hat graue, borstige Haare, eine kräftige Nase und scharf gezogene Falten im Gesicht. Ein drahtiger, schwäbelnder, scherzender Mann, der an diesem heißen Sommertag ein kurzärmeliges Hemd und Schuhe aus geflochtenem Leder trägt.

Hambrecht hat 1976 schräg gegenüber dem Verwaltungsgebäude begonnen: als Chemiker im Kunststofflabor der BASF. 2003 wurde er Vorstandsvorsitzender. Sein Chefbüro: beige gemusterter Teppichboden, chinesische Kunst an der Wand und eine Schale mit zwei Bananen und einem Apfel. »Mein Mittagessen«, sagt er. Auf einem kleinen Tisch hat er die Auszeichnungen, die ihm verliehen wurden, wie Trophäen ausgestellt: unter anderem als »Manager des Jahres 2005«. In Umfragen wird er regelmäßig zum vertrauenswürdigsten deutschen Manager gewählt. Doch im vergangenen Jahr erlebte Jürgen Hambrecht, wie die Krise in sein zuvor so gesundes Unternehmen eindrang. Nach dem Interview, am Nachmittag, wird er verkünden, dass 3700 Stellen beim Tochterunternehmen Ciba gestrichen werden müssen.

Erinnern Sie sich noch an den Tag, an dem die Investmentbank Lehman Brothers zusammenbrach?

Sehr gut, es war ein Montag. Wir hatten zu einer Pressekonferenz nach Zürich eingeladen, um die geplante Übernahme des Schweizer Chemieunternehmens Ciba bekannt zu machen. Ich bin früh aufgestanden, um nach Zürich zu fliegen, und hatte noch kein Radio gehört. Vom Zusammenbruch von Lehman erfuhr ich erst, als wir dort waren.

Ahnten Sie da schon, welche Folgen der Zusammenbruch von Lehman Brothers haben würde?

In einer kurzen Besprechung vor unserer Pressekonferenz stimmten wir uns darauf ein, dass Lehman die Nachrichten des Tages bestimmen würde. Wir würden deshalb nicht die Aufmerksamkeit in den Medien bekommen, die wir angesichts der Bedeutung von Ciba für die Schweiz erwartet hatten. Aber die Pressekonferenz zu verschieben kam nicht in Frage, wichtige Verträge waren bereits am Wochenende unterschrieben worden.

Die fehlende Aufmerksamkeit für Ihre Übernahme von Ciba erwies sich als marginales Problem. Die Krise der Weltwirtschaft, die die Lehman-Pleite auslöste, bekam auch BASF zu spüren.

Mir war schon bewusst, dass der Zusammenbruch dieser Bank ein größeres Risiko darstellt als die Pleite eines normalen Unternehmens. Aber dass sie so weitreichende Konsequenzen für die gesamte Wirtschaft haben würde, das habe ich damals noch nicht geahnt. Erst ein paar Monate zuvor hatte ich zum ersten Mal von den so genannten »Collateralized Debt Obligations« gelesen, die dann später zum Kollaps führten. Damals habe ich sogar überlegt: »Ist das etwas für uns?«

Als Chemieunternehmen?

Wir nutzen ja auch Hedging-Instrumente bei uns, zum Beispiel um unsere Rohstoffeinkäufe abzusichern. Wenn man dann von Finanzprodukten liest, die in keiner Bilanz auftauchen, kommt der kreative Moment des Managements ins Spiel, in dem man sagt: »Menschenskind, wie würde es denn aussehen, wenn wir so etwas schaffen?« Unsere Finanzabteilung hat das dann analysiert und festgestellt: das macht für uns keinen Sinn.

Wann spürten Sie, dass auch BASF massiv von den Folgen der Finanzkrise betroffen ist?

In einigen Geschäftsbereichen gingen die Aufträge schon Ende September, zwei Wochen nach der Lehman-Pleite, Zug um Zug nach unten.

Wie kann es sein, dass sich die Finanzkrise so schnell in Ihren Auftragsbüchern niederschlägt?

Die Automobilbranche saß schon vor der Lehman-Pleite auf unglaublich hohen Lagerbeständen. In den USA waren Autos für ein halbes Jahr vorproduziert worden und standen auf Parkplätzen herum. Die Krise hatte sich schleichend angekündigt. Ich lese sehr viel, den *Economist*, andere wichtige Wirtschaftsmedien bis hin zu Chemiefachzeitschriften. Da hatte ich schon ein halbes Jahr zuvor eine leise Ahnung. Das Schwierigste damals war, den Mitarbeitern klarzumachen, dass wir in schwere See geraten. Wir hatten im Sommer 2008 noch volle Auftragsbücher. Der Juli war der beste Monat überhaupt. Nach dem Schock der Lehman-Pleite senkte die Automobilindustrie ihre Produktion dramatisch. Das kommt dann ganz schnell bei uns an.

Wie ging es Ihnen, als Sie die Zahlen sahen?

Wir mussten unsere Arbeitsschwerpunkte verschieben: Man muss dann schnell handeln, darf auf keinen Fall warten. Vorräte wurden verringert, Produktionskapazitäten angepasst. Dazu mussten wir viele Anlagen herunterfahren, manche sogar vorübergehend ganz schließen.

Ihre Geschäfte brachen zum Teil um 30 Prozent ein. Gab es Momente, in denen Sie Angst hatten, wie es weitergeht?

Wer in meiner Position Angst hat, ist fehl am Platz. Als ich einmal im Flugzeug über Hongkong saß und drei von vier Triebwerken ausfielen – da hatte ich Angst.

Was ist das für ein Gefühl?

Eine wahnsinnige Anspannung des ganzen Körpers. Kurz nach dem Start rumpelte es im Flugzeug wie verrückt. Dann war es plötzlich merkwürdig ruhig. Ich dachte erst, alle Koffer wären herausgeflogen. In meiner Nähe saßen noch drei oder vier andere Passagiere. Und weil die Stewardess nicht mehr zu sehen war, habe ich nach ihr gerufen. Sie sagte, sie müsse sich erst selbst erkundigen, was vorgefallen sei, ließ sich dann nicht mehr blicken. Das Flugzeug hat die ganze Zeit Kreise gezogen. Nach fast einer Stunde haben die Piloten mitgeteilt, dass Triebwerke ausgefallen seien, wir müssten wieder landen. Ich dachte nur: »Hoffentlich kriegen die das hin!« In einer solchen Situation hat man Angst, nicht aber an der Spitze eines Unternehmens. Dort führen Angst und Panik zu Fehlentscheidungen.

Als Manager wird man in der Krise von jemandem, der ein Unternehmen aufbaut, zu einem, der ein Unternehmen bewahren muss. Sind die Managementtechniken so abstrakt, dass sie immer angewendet werden können, egal, ob es rauf oder runter geht?

Ich habe Erfahrungen in beidem, im Aufbauen und im Restrukturieren. Natürlich baut man lieber auf, als dass man restrukturiert. Aber auch in der Krise brauchen Sie beides. Es geht darum, die Produkte und Arbeitsgebiete zu entwickeln, die BASF in zehn Jahren prägen werden. Damit dürfen Sie auch in der Krise nicht aufhören. Wir haben in den vergangenen drei Jahren mehr als 900 Millionen Euro, also rund ein Viertel der gesamten Forschungskosten, in die Forschung und Entwicklung von Zukunftsprodukten und -technologien investiert; das werden wir auch weiterhin tun. Bereits ab 2015 soll das Umsätze von mehr als zwei Milliarden Euro pro Jahr bringen.

Tatsächlich ist diese Krise doch auch eine Krise der Gewissheiten: Banken sind zusammengebrochen, erfolgreiche Unternehmen wie Porsche verlieren ihre Eigenständigkeit.

Natürlich gibt es Situationen, da wird einem klar: jetzt sitzen wir im Loch. Aber gleichzeitig wissen Sie: der nächste Aufschwung kommt bestimmt – das ist eine Erfahrung, die macht man einfach als Manager. Bis dahin fahren wir dann auf Sicht, das bedeutet, Geschwindigkeit herauszunehmen, um die Konturen Ihrer Umgebung zu erkennen.

Macht Sie das manchmal ratlos?

Ratlos macht mich eher die Euphorie, die schon wieder zu hören ist. Wir diskutieren die Krise nicht nur bei BASF vorwärts und rückwärts, und manchmal frage ich mich: »Was sehen andere, was wir nicht sehen?« Wenn ich jetzt die Ersten reden höre, die Krise sei bald vorbei, dann bin ich schon perplex.

Sie gelten in der Beurteilung der Krise in Wirtschaftskreisen als Schwarzmaler.

Im Moment bin ich offenbar der große Pessimist. Dabei ist das wirklich Unsinn. Aber wenn heute ein Realist schon als Pessimist gilt, muss ich damit leben. Als Chemieunternehmen hat BASF praktisch mit Kunden aus allen produzierenden Industrien zu tun, von der Ernährung über die Kosmetik und Hygiene bis zum Autohersteller und den Bauunternehmen. Wir haben ein feines Gespür dafür, was sich in anderen Branchen tut.

Aber natürlich hat es eine besondere Bedeutung, wenn jemand in Ihrer Position die Perspektiven sehr negativ beschreibt. Sie wissen doch, was Sie tun.

Natürlich sage ich das bewusst. Weil ich der Meinung bin, dass man aufrichtig sein muss. Das müssen auch die Mitarbeiter spüren, weil ich die auf dieser schwierigen Wegstrecke mitnehmen muss. Diese Krise ist noch nicht ausgestanden, wenn man die verschiedenen Anzeichen addiert, gibt es keine andere Erklärung.

Vielleicht schadet einfach zu viel Realismus. Es heißt, Wirtschaft sei zu 50 Prozent Psychologie.

Ich glaube einfach, dass falscher Optimismus zurzeit nicht angebracht ist. Ich bin ja eher dafür bekannt, das berühmte Glas halb voll zu sehen als halb leer. Ich bin grundsätzlich optimistisch, das habe ich über die Jahre hinweg gelernt.

Sie sagen »gelernt« – kann man sich Optimismus anerziehen?

Das hat natürlich viel mit der Erziehung zu tun. Wer zu Hause immer gesagt kriegt: »Das war aber jetzt nichts! Die anderen sind ja alle viel besser« – dann wird es schwer, optimistisch zu sein. Ich komme ja selbst aus einer Gegend, da heißt es: »Nicht geschimpft ist gelobt genug!« Und ich bin zum Teil auch so erzogen worden. Aber meine Eltern haben mir auch viel Selbstvertrauen mitgegeben.

In der Wirtschaft herrscht ein Zwang zum Optimismus.

Kein Zwang, aber wer optimistisch ist, hat mehr Energie. Die ganze Argumentationskette läuft anders ab. Sie denken am Ende auch anders, Sie sind deutlich kreativer in der Offensive als in der Defensive.

Dürfen Zweifel im Managementprozess nicht sein?

Zweifel ist im Deutschen ein sehr starkes Wort. Ich empfinde das jedenfalls so. Im Englischen gibt es das in unserem Sinn nicht, »doubt« ist viel leichter, bei uns geht Zweifel tiefer. Das wird sehr schnell grundsätzlich.

Wenn der Zweifel zum Gründeln wird, dann lehnen Sie ihn ab.

Wenn Gründeln von einem Schuss Selbstironie begleitet wird, dann finde ich es gut. In Deutschland wird das nur so schnell fundamentalistisch, ideologisch. Damit kann ich nichts anfangen.

Kollegen von Ihnen erzählten uns, dass sie manchmal nachts aufwachen, und dann laufe gleich ein Film ab, mit den Problemen, die sich angesammelt haben. Kennen Sie das auch?

Nein, überhaupt nicht. Es kann aber sein, dass mich eine Idee, ein Gedankenblitz aufweckt. Den schreibe ich dann im Halbschlaf schnell auf, dafür liegt auf dem Nachttisch extra ein Block. Aber sonst wache ich eigentlich nur auf, wenn sich irgendwas im Haus bewegt.

Wie werden Sie dann die Dinge los, die Sie bedrängen?

Ich jogge. Dabei kann ich gut nachdenken.

Wann laufen Sie?

Ich wache eigentlich immer gegen halb sechs auf, noch vor dem Wecker, auch am Wochenende. Dann geh ich laufen. Innerhalb von einer Viertelstunde nach dem Aufstehen bin ich draußen.

Ohne Kaffee?

Kaffee dürfen Sie nicht trinken, wenn Sie rennen. Wasser! Oder Tee.

Wie lange sind Sie dann unterwegs?

Ungefähr eine Stunde. Das ist unterschiedlich. Wenn ich gut drauf bin, auch etwas länger. Kopf und Körper müssen dabei in Harmonie zueinander kommen, dann wird der Kopf frei.

Wann beginnt am Morgen das Geschäftliche?

Wenn ich von meinem Fahrer abgeholt werde.

Haben Sie immer denselben Fahrer?

In der Regel ja.

Unterhält man sich dann morgens miteinander?

Wenig, weil ich meistens schon anfange zu lesen. Besonders wenn ich erst am Abend vorher von einer Reise zurückgekehrt bin oder einen schwierigen Tag vor mir habe. Mir ist wichtig, selbst zu entscheiden, wie ich mir meinen Tag gestalte. Ich mag es nicht, wenn der voll ausgefüllt ist, ohne Freiraum zum Nachdenken. Deshalb diszipliniere ich mich sehr und alle, die mit mir zu tun haben. Ich versuche deshalb auch immer, die unangenehmen Dinge zuallererst zu erledigen.

Was gehört dazu?

Schwierige Personal- und Geschäftsentscheidungen. Zum Beispiel, wenn wir mit persönlichen Leistungen nicht zufrieden sind. Oder wenn Geschäftsziele nicht erreicht werden. Manchmal müssen auch Ursachen von Betriebsstörungen geklärt werden.

Die natürliche Reaktion wäre: aufschieben.

Völlig falsch – wenn etwas unangenehm ist, bringe ich das auch nachts noch hinter mich. Das muss weg! Als Erstes. Das sind Energieverzehrer. Deshalb: sofort weg! Sonst ist der ganze Tag für mich im Eimer, dann macht die Arbeit keinen richtigen Spaß mehr, weil man immer hinter sich selber herrennt.

Das klingt so, als hätten Sie sich mit der Organisation gezielt auseinandergesetzt. Haben Sie Managementliteratur gelesen?

Die lese ich sogar gerne.

Wann haben Sie damit begonnen?

Als ich zu BASF kam, vor gut 30 Jahren. Vorher nicht. Ich habe in der Forschungsabteilung begonnen, und als Naturwissenschaftler setzen Sie sich eher weniger mit wirtschaftlichen Fragen auseinander. Etwas praktische Erfahrung hatte ich schon bei meinen Eltern gesammelt. Wir hatten ein kleines Malergeschäft, und meine Mutter hat sich um die Betriebsführung gekümmert. Wenn Angebote abgegeben wurden, habe ich die oft für meine Eltern durchgerechnet. Aber richtige Betriebswirtschaft habe ich weder dort noch im Studium gelernt.

Sie haben sich die dann bei BASF selber beigebracht?

Ja, erstmal ganz freiwillig. Ich war ja mehr als neun Jahre in der Forschung, ohne wirklich in der Hierarchie aufzusteigen. Ich war ein begeisterter Forscher, ständig auf der Suche nach neuen Lösungen.

Steht das Labor noch, in dem Sie angefangen haben?

Natürlich. Klar! Das ist das große Gebäude da drüben – B1, unser großes Polymer Research Center.

Damals stank es in der chemischen Industrie noch richtig.

Wenn es stinkt und kracht, ist man in der Chemie. So die öffentliche Meinung, nicht nur für einen Chemiker hat das eine gewisse Faszination. Während des Studiums habe ich das Werk hier mal besucht. Da habe ich mir gesagt: »Zur BASF gehe ich nie!« Das war damals die Basischemie, bei der die Schlote noch richtig rauchten. Ich bin dann trotzdem hier gelandet, weil mich die Menschen überzeugten. Das ist bis heute so.

Damals war die Chemie aber vielen unheimlich. Die chemische Industrie wurde durch Störfälle und eigene Fehler zum Feindbild.

Für mich als Chemiker war es eine Riesenherausforderung, den Wandel unserer Branche aktiv mitzugestalten. Und die Industrie hat sich enorm verändert, es gibt kein Chemiewerk auf dieser Erde, das in Fragen der Umweltverträglichkeit besser gemanagt ist als unser Werk in Ludwigshafen.

Sie waren Forscher, jetzt sind Sie Top-Manager. Das sind zwei völlig unterschiedliche Geisteshaltungen.

Das täuscht. Naturwissenschaftliche Forschung ist absolute Disziplin und unterliegt einem klaren Prozess. Das systematische Abarbeiten von Projekten lernt man in den Naturwissenschaften von Anfang an.

Anders als beispielsweise bei den Geisteswissenschaften.

Naturwissenschaft ist nicht bodenlos, die hat und gibt immer einen Halt. »Proof of concept« heißt das in der Chemie: Funktioniert der Lösungsansatz? Denn bei der chemischen Reaktion kann es sein, dass bei einem falschen Ansatz nur fünf Prozent des gewünschten Wertprodukts entstehen.

Das dürfte Ihnen als Manager nicht passieren.

Das sollte möglichst nicht passieren. Deshalb: »proof of concept«. Auch im Management brauchen Sie von jedem Schritt auf den nächsten Ausschlusskriterien. Dabei verändert die Globalisierung das Bild dramatisch und viel schneller als in der Vergangenheit. Früher konnte man sicherer sein als heute. Dass man aber total den falschen Weg beschreitet, ist bei sorgfältiger Analyse kaum der Fall. Eine andere Stärke der Naturwissenschaftler ist, dass sie zur Selbstkritik erzogen werden. Im Studium wird ihnen beigebracht, alles zu hinterfragen: »Quod erat demonstrandum« als Kultur.

Sie haben in Tübingen studiert, begonnen 1968, kam die Revolution auch in den Naturwissenschaften an?

Die Zeit war von den Studentenprotesten geprägt. Nicht ganz so wie in den Geisteswissenschaften, aber wir haben auch protestiert. Wir haben die Leute von der Vorlesung abgehalten, indem wir ein Bierfass aufgemacht haben, es war mehr »happening«-artig.

Gegen den Muff in den Talaren?

Das war in der Chemie anders. Wir hatten Vorlesungen mit den besten Professoren, da waren Nobelpreisträger darunter. Und das Studium war Gott sei Dank relativ verschult; wir mussten schon darauf achten, dass wir die Prüfungen hinbekamen. Und die Hochschulprofessoren damals waren relativ locker, obwohl sie eigentlich zu der alten Generation gehörten. Die haben gesagt: »Bringt doch das Bier rein in den Lehrsaal! Ich trinke gerne auch eins mit!« Das hat mich beeindruckt.

Die Achtundsechziger hatten ja vor allem eine kulturelle Dimension, in der Musik, im Aussehen ...

Da gehörten auch die Chemiker dazu ... ich habe relativ lange Haare gehabt, auch Koteletten und Bart.

Aber die Haare gingen nicht bis zur Schulter.

Das nicht, weil die sich dann so wellen.

Was haben Sie für Musik gehört?

Beatles, Rolling Stones, Beach Boys, auch Doors. Manfred Mann, Creedence Clearwater Revival, Donovan und andere. Die höre ich auch heute noch gern.

War Ihnen damals schon klar, dass Sie einmal ins Management wollen?

Ich wollte eigentlich an der Hochschule bleiben, mich hat die Forschung und die Lehre ernsthaft interessiert. Mein Doktorvater hat mich auch sehr gefördert, er ist leider aber bald gestorben. Und ohne die Unterstützung durch den Doktorvater müssen Sie dann zu viel Gremienarbeit machen, um weiterzukommen. Da bin ich lieber in die Industrie gegangen.

Sie sagten vorhin, Sie hätten schon früh bei BASF viel Managementliteratur gelesen. Was Ihre Managementfähigkeiten angeht, sind Sie ein Autodidakt?

Zu großen Teilen ja, aber das Unternehmen hat mich dabei gefördert. Dann macht man ja auch Erfahrungen in seiner Arbeit. Und als ich die Aufgabe als Vorstandsvorsitzender übernommen habe, habe ich mich dann ganz persönlich coachen lassen. Weil ich weiß, wo ich Stärken habe und wo meine Schwächen sind.

Wer ist denn Ihr Coach?

Das gebe ich besser nicht preis, den wollen wir lieber noch ein bisschen bei uns im Unternehmen behalten.

Ist das grundsätzlich ein Geheimnis, wen ein Top-Manager als Coach nimmt?

Ich habe mir jedenfalls jemanden genommen, mit dem BASF schon Erfahrung hatte. Ein Amerikaner, der selber einmal ein Unternehmen geführt hat, heute ist er über 70, ein klasse Typ.

Was hat er Ihnen mitgegeben?

Er hat mir klargemacht, was für einen Vorstandsvorsitzenden das Wichtigste ist und wo ich aufpassen muss. Das war für mich sehr hilfreich. Ganz am Anfang war er einmal hier, seitdem besuche ich ihn hin und wieder.

Geht es dabei um betriebswirtschaftliche Fragen, um Psychologie?

Wenn Sie so wollen, geht es hauptsächlich um Psychologie, Unternehmenspsychologie. Nachdem ich zum Vorstandsvorsitzenden ernannt worden war, habe ich zum Beispiel begonnen, die heute gültigen vier strategischen Leitlinien für die BASF zu entwickeln. Weil er gesagt hat: »Du musst die Strategie des Unternehmens verdichten, drei oder vier Aussagen, mehr bekommst du in die Köpfe der Leute nicht rein.« Dann habe ich festgestellt, dass das allein nicht reicht. Daraufhin haben wir zum Beispiel einen Führungskompass entwickelt, der verbindlich beschreibt, wie Führung bei BASF gelebt werden soll. Das war dann aber schon ohne Coach.

Sich coachen zu lassen wird im Management oft als Schwäche ausgelegt.

Das ist Unsinn. Das machen mehr Manager, als Sie denken. Ich habe selber schon Kollegen geraten, sich solche Unterstützung zu holen.

Sie gelten nicht als jemand, der besonders gelassen ist. Hat Ihr Coach da versagt?

Wer sich mit Herz und Blut für etwas einsetzt, ist nie total gelassen. Ich bin jemand, der etwas bewegen will. Ich hasse es, einfach herumzuhocken und die Dinge laufen zu lassen.

Alexander Dibelius
»Gier ist etwas Menschliches«

Eine der zentralen Fragen bei der Beschäftigung mit Spitzenmanagern ist das Verhältnis von Innen und Außen. Wie viel von dem, was sich täglich in Deutschland auf der Straße abspielt, in der Sphäre der Manager ankommt. Im Fall von Alexander Dibelius trennt ein dickes Metalltor das Innen vom Außen. Draußen liegt das Isar-Ufer von Bogenhausen. Es riecht nach Frühling und regnet leicht. Drinnen geht es über einen gepflasterten Hof in ein mit moderner Kunst bestücktes Wohnzimmer. Flachbildfernseher, offene Küche. Elektrische Türen gehen surrend auf und zu. Eine Klimaanlage hält den Sommer draußen.

Wie in einer Hotelsuite fühlt man sich, dabei ist man in der Villa von Thomas Mann. Alexander Dibelius hat sie Anfang dieses Jahrhunderts wieder aufbauen lassen.

Englische Wortfetzen kündigen den Hausherrn an. Mit einem kleinen Kopfhörer im Ohr, den Blackberry vor sich hertragend, durchquert Alexander Dibelius das Wohnzimmer. Er ist ein überraschend kleiner, schmaler Mann. Durch einen dünnen Draht ist er im ständigen Kontakt mit dem Außen: Ein niemals abreißender Datenfluss dringt so zu ihm durch, jede einzelne Information vielleicht Millionen Euro wert.

Dibelius, Chirurg im ersten Beruf, ist Deutschlands mächtigster Investmentbanker, der Europa-Chef von Goldman Sachs. »The living legend«, so hat ihn einmal ein Mitarbeiter angekündigt. Lebende Legende. Ein Ruf, an dessen Entstehen Dibelius nicht unbeteiligt war. Viele Anekdoten ranken sich um seine Besessenheit. Nachts um vier stehe er am Kopierer, und an den Wochenenden fahre er in die Arabischen Emirate, wo auch sonntags gearbeitet wird. Doch im vergangenen Jahr nahm er meist das Flugzeug in die entgegengesetzte Richtung: nach New York, an die Wallstreet, das Epizentrum der Krise.

Warum sind Sie Investmentbanker geworden?

Große Fusionen und Firmenübernahmen oder Kapitalmarkttransaktionen wie im Fall Vodafone oder Mannesmann mit durchzudenken sowie die zugrundeliegenden Strategien zu entwickeln hat mich begeistert.

Sie wollen die Welt nach Ihrer Vorstellung formen.

Ich will etwas verändern …

... im Großen ...

Was heißt groß? Ich bin sicherlich ehrgeizig. Als ich das Angebot von Goldman Sachs bekam, spielten bei meiner Entscheidung, wie bei allen meinen Berufsentscheidungen, mehrere Aspekte eine Rolle. Erstens: Ich wollte immer einer exzeptionellen Organisation angehören, das gebe ich zu ...

... einer Elite ...

... nein, ich meine es wörtlich: exzeptionell, außergewöhnlich. Ich wollte an exzeptionellen Aufgaben arbeiten und mit außergewöhnlichen Leuten zu tun haben, von denen ich lernen kann. Man könnte jetzt sagen: Da hättest du auch zur katholischen Kirche gehen können. Die Missionierung der Welt ist eine exzeptionelle Aufgabe, und der Papst ist sicher eine außergewöhnliche Person. Doch abgesehen davon, dass ich nicht katholisch bin, hätte das wohl nicht meinem Naturell entsprochen, da diese Zielsetzung doch sehr abstrakt erscheint und ich zu sehr Pragmatiker bin. Mir geht es in erster Linie um folgende Fragestellungen: Kann ich mich fachlich weiterentwickeln? Liegt mir der Lebens- und Arbeitsstil, den der Job erfordert: beispielsweise die transaktionsbezogene Projekt- und Teamarbeit oder auch die Geschwindigkeit der Ereignisse im Investmentbanking? Und als Letztes natürlich auch: Gelingt es mir, in dem Beruf einen ökonomischen Mehrwert zu erzielen?

Sie wollten Geld verdienen.

Ja, das gebe ich zu.

Richtig viel Geld.

Was heißt richtig viel Geld? Ich komme aus einem materiell nicht besonders gut ausgestatteten Haus. Mein Vater war ein hochintelligenter Mensch, den ich für seine umfassende intellektuelle Leistungsfähigkeit sehr bewundert habe; dennoch: Andere verdienten ein Vielfaches. Ich habe gedacht: Das kann doch nicht sein, man ist schlauer als viele, aber es zahlt sich offensichtlich nicht aus.

Haben Sie das als Zurücksetzung empfunden?

Ja, für meinen Vater. Es war nicht so, dass wir zu Hause Not gelitten hätten. Aber wir mussten sicherlich mehr materielle Einschränkungen hinnehmen als viele meiner Mitschüler. Schon als Jugendlicher hatte ich eine Vorstellung von der Leistungsgesellschaft. Und auch wenn diese etwas naiv gewesen sein mag, unsere Situation entsprach meiner Vorstellung von dieser Leistungsgesellschaft in keiner Weise. Mein Vater war in seinem Fachgebiet sicher eine Kapazität, was sich ökonomisch aber in keiner Weise niederschlug. Für die Artikel oder Rezensionen, die er als Musikwissenschaftler schrieb, bekam er umgerechnet einen schlechteren Stundenlohn als den heutigen Mindestlohn. Nun kann man sich natürlich über die Ungerechtigkeit der Welt beklagen oder aber versuchen, die gegebenen Realitäten zu akzeptieren und, wenn Sie so wollen, für sich zu nutzen – auch wenn Sie diese für ungerecht halten.

Sie haben dann Medizin studiert.

Für mich war das Studium aufgrund des Fächerkanons eine Art Studium generale. Erst danach steht die Pathologie, also die Beschäftigung mit der Krankheit, im Vordergrund. Insofern war es am Anfang sicher nicht die gefühlte Berufung zum »Arzt«, wie man dies oftmals liest oder hört, sondern vielmehr ein generelles Interesse. Und die Beschäftigung mit Naturwissenschaften und dem Menschen sowie seinen Krankheiten erschien mir einen hohen Erkenntnisgewinn zu garantieren. Wie gesagt, die Berufung zum Heilen und Helfen stand bei mir nicht so sehr im Vordergrund. Sicher spielten auch die Abiturnote und der damals geltende harte Numerus Clausus eine gewisse Rolle, in Kombination ermöglichten sie einem Abiturienten aufgrund seiner Leistung Zugang zu einem knappen Gut, eben einem Medizinstudienplatz. Nebenbei bemerkt, ist dies, im Nachhinein betrachtet, bildungspolitisch eine absolute Fehlsteuerung gewesen. Das System führte zu einer Fehl- bzw. Überallokation von guten Abiturienten auf das Medizinstudium.

Sie arbeiteten als Chirurg, ein Beruf, der im Vergleich zu Ihrem jetzi-

gen kaum gegensätzlicher sein könnte: Chirurgie ist handwerklich und konkret, das Investmentbanking dagegen hoch abstrakt.

Meines Erachtens handelt es sich beim Investmentbanking um eine klar handlungsorientierte und weniger um eine abstrakte Tätigkeit. In beiden Berufen können Sie die Folgen Ihres Tuns unmittelbar beobachten und ihren Beitrag abschätzen beziehungsweise bewerten. Wenn Sie zum Beispiel eine Platzwunde zunähen, dann ist die Wunde zu, und Sie haben dazu unmittelbar und sichtbar beigetragen. Wenn Sie diesen oder jenen Unternehmensteil verkaufen, dann sind Sie ursächlich mitverantwortlich für die Transaktion.

Ihnen geht es ums Handeln, darum, etwas zu Ende zu bringen …

… ein Resultat zu sehen, das ist doch eine Belohnung …

… schnell und oft …

… direkt und oft. Ich würde die Geschwindigkeit nicht überbetonen. Es geht mir dann schon eher um die Unmittelbarkeit und die Direktheit unserer Handlungen. Allerdings, so belohnend dies sein kann, so bestrafend ist es auch, wenn Sie feststellen, dass Sie etwas nicht richtig eingeschätzt bzw. falsch gemacht haben.

In der Medizin sieht man die Wahrheit. Die Menschen sind am Ende alle ausgezogen. In der Wirtschaft dagegen maskiert man sich, verschleiert seine Bedürfnisse. Man muss listig sein.

Die Wirtschaft ist kein großes Theater, kein potemkinsches Dorf, wie Sie insinuieren. Sicherlich gibt es in der Wirtschaft, wie in der Medizin, Schauspieler oder Simulanten. Es gibt andererseits auch in der Wirtschaft wahrhaftige Menschen, die sagen: »Ich habe mich verschuldet, es besteht die Gefahr, dass ich pleite gehe.« Der Unterschied zwischen Wirtschaft und Medizin liegt jedoch in der unterschiedlichen Unmittelbarkeit der Konsequenzen des Handelns: Zu Ende gedacht, geht es in der Medizin um die physische Existenz eines Menschen, um Leben und Tod, wenn Sie so wollen. Eine verheerende Entscheidung im Wirtschaftsleben mag eine Transaktion oder schlimmstenfalls sogar ein Unternehmen scheitern lassen – Ihr

Leben, Ihre physische Existenz ist dadurch noch lange nicht bedroht. Das ist schon ein großer Unterschied.

In einem Interview beschrieben Sie einmal ein prägendes Erlebnis: Den Moment, als ein Kind bei einer Operation verstarb und Sie das den Eltern sagen mussten.

Ohne Zweifel, wenn Sie bei einem verzweifelten Versuch, ein bei einem Autounfall verletztes Kind mit einer Notoperation zu retten, letztendlich nicht erfolgreich sind und dies dann den mittlerweile im Gang wartenden Eltern mitteilen müssen, erfahren Sie sehr unmittelbar, wie relativ doch die eigene manchmal als wichtig empfundene Rolle ist.

Arzt zu sein, ist ein sehr emotionaler Beruf.

Was heißt das? Auch in der Medizin darf die Emotion nicht die sachgerechte Entscheidung überschatten. Wenn Sie mit jedem Patienten mitfiebern, dann geht Ihnen das sehr schnell an die eigene Substanz.

In der Wirtschaft kommt Emotionalität nur in einer kanalisierten Weise vor. Wenn etwas gelungen ist, heißt es zum Beispiel: »Wir machen jetzt aber mal eine Flasche Sekt auf.«

Nein, nein. Aber die Becker-Faust, die gibt es bei uns schon ab und zu.

Das ist doch eine Siegerpose, zudem aggressiv: eine Faust.

Glaube ich eher nicht. Einfach ein Zeichen für Freude, dass etwas gelungen ist. Oder besser: dass etwas gut läuft. So wird ja oft Glück beschrieben, dass man ein sogenanntes Flow-Gefühl empfindet.

Was heißt Flow-Gefühl?

Es kommen zwanzig Entscheidungen auf einen zu, alles klappt, man ist mit sich und der Welt im Reinen. Eine Art schnelles Gleiten. Wie beim Riesenslalom, da merkt man auch: ist es verstöpselt, oder geht es rhythmisch dahin?

Hatten Sie das Gefühl auch als Arzt?

Nein. Das lag auch am Grad der Fremdbestimmung: Im universitären Medizinsystem entscheidet zuvorderst Ihr Chef über Ihr Karrierefortkommen, indem er Sie auf das Operationsprogramm schreibt oder auch nicht und damit darüber entscheidet, ob und wie schnell Sie Ihren Facharzt machen können. Die Kriterien dafür sind nicht immer transparent. Jedes Kreiskrankenhaus möchte doch einen habilitierten Professor als Chef haben, obwohl das nichts damit zu tun hat, ob er ein guter Operateur ist, sondern ob er ein Jahr für wissenschaftliche Laborexperimente freigestellt war, was eine Voraussetzung für eine erfolgreiche Habilitation ist. Ich übertreibe sicher ein bisschen. Ich arbeitete zum Schluss auf einer herzchirurgischen Frauenstation. Täglich zunächst Stationsvisite, dann sechs Stunden Assistenz im OP, in der Hoffnung oder der Angst, je nachdem, dass man vom Chef aufgefordert wird, einen Teil der OP selbst zu übernehmen: Klappe, Bypass, Klappe, Bypass. Anschließend: Raus aus dem OP, Intensivstation-Visite und dann nochmals auf der eigenen Station nach dem Rechten sehen. Damals war ich Mitte 20. Ich konnte mir nicht vorstellen, das die nächsten 20 Jahre ohne wesentliche Änderungen zu machen. Kürzlich war ich bei der Emeritierung eines meiner damaligen Chefs. Da hat sich leider nichts oder nur wenig geändert. Ich wollte da raus, wenigstens für ein Jahr, um etwas anderes zu erleben.

Sie haben schon nach drei Jahren den Beruf gewechselt.

Ja, angeregt durch eine Diskussion mit einem meiner ehemaligen Mitstipendiaten in der Studienstiftung fand ich einen Artikel im *manager-magazin*, der hieß so irgendwie: »McKinsey. Die Elite«, und er beschrieb die Aufgabe eines Consultants. Das klang interessant. Ich habe einfach eine Bewerbung hingeschickt, die habe ich heute noch. Mit Tippfehlern ohne Ende, peinlich. Ich wundere mich immer noch, dass die mich genommen haben. Mittwochs habe ich dann im Nachtdienst meinen letzten Blinddarm operiert, und montags bin ich von McKinsey zum Pharmaunternehmen Novartis, damals noch Sandoz, geschickt worden, um auf einem Reorganisierungsprojekt mitzuarbeiten.

Hatten Sie Grundkenntnisse in Betriebswirtschaft oder braucht man die als Unternehmensberater gar nicht?

Doch, und das war mein Problem: Ich hatte sie nicht. Ich kann mich noch an meine erste Aufgabe erinnern. Die sagten: »Wir haben das Gefühl, dass wir zu viele Stabsstellen haben. Hier haben Sie einen Stapel Organigramme, Herr Dibelius, jetzt zählen Sie mal die Stabsstellen aus.« Ich wusste aber leider nicht, wie man auf einem Organigramm die Stabsstellen erkennt. Das war bitter, und dementsprechend ist die Analyse auch ausgefallen. Aber ich wusste: »Ich möchte nicht scheitern.« Also habe ich einfach meine Anstrengungen erhöht, um die Defizite auszugleichen. Und wenn das nicht gereicht hat, habe ich sie noch einmal verdoppelt. Daher kommt das Vorurteil, das ich manchmal über mich lese: Der ist getrieben.

So werden Sie tatsächlich oft geschildert.

Damals sicher mit einer gewissen Berechtigung. Ich hatte mich in meiner Ausbildung und in den ersten Berufsjahren daran gewöhnt, mit an der Leistungsspitze zu stehen. Plötzlich war ich in der Hierarchie der Ivy-League-MBA-Absolventen bei McKinsey ganz unten. Das Schlimmste an meiner Ahnungslosigkeit war, dass ich kein getestetes Prioritätenraster hatte und mein gesamtes Koordinatensystem rekalibrieren musste. Ich hatte keine oder wenige Anhaltspunkte, zu entscheiden, was dringlich war und was weniger. Vielleicht war es dementsprechend ein natürlicher Reflex, dieses Manko überkompensieren zu wollen. Der typische Insecure-Over-Achiever eben …

… also der unsichere Übererfüller, wie das im Management-Jargon heißt …

Irgendwie hat es niemand gemerkt, vielleicht ist es auch ein zielführender Antrieb. Zumindest bin ich relativ zügig durch die McKinsey-Hierarchien zum Partner befördert worden.

Wurden Sie mal gecoacht?

Ganz am Anfang durch eine Kollegin, die mir eine kleine Stilberatung angedeihen ließ, als ich mit kariertem Sakko und weißen OP-

Socken auftauchte. Später dann durch einige ältere Partner, die mir geholfen haben, meine Schwächen zu adressieren und meine Stärken richtig einzusetzen. McKinsey ist eine tolle Organisation. Ich habe dort eine ganz neue Sozialisation erlebt, und meine Art zu denken hat sich geändert.

Lassen Sie sich heute noch beraten – zum Beispiel von Ihrer Frau?

In Fragen des richtigen menschlichen Umgangs miteinander bleibt das nicht aus. Wenn man bei Tisch permanent Blackberry-Messages schreibt, lernt man von seiner Frau relativ schnell, dass das eine Missachtung des Gegenübers ist. Aber auch der eine oder andere Realitätscheck ist hilfreich. Wir arbeiten im Investmentbanking in einer normierten Art der Entscheidungsfindung: Analyse, Optionen aufstellen, Optionen bewerten und dann die prioritäre Option durchsetzen. Ein deduktiver Prozess. Wenn Sie aber mit Ihrer Frau einfach mal über irgendein Thema diskutieren, fahren Sie mit dieser Deduktion schnell gegen die Wand. Von der eigenen Frau, aber auch aus dem sozialen Nichtbusiness-Umfeld lernt man, dass sich Entscheidungen nicht immer nur deduktiv und strukturiert treffen lassen, sondern auch aus einer chaotischen Vielschichtigkeit heraus entstehen können; und diese Entscheidungen sind nicht notwendigerweise schlechter.

Die Wirtschaft ist auch Teil der normalen Welt mit ihrer chaotischen Vielschichtigkeit. Vielleicht sind die linearen Theorien der Betriebswirtschaft wirklichkeitsfremd?

Gute Leute begreifen, dass Theorien und Modelle in der Regel nur ein schwaches Abbild der Praxis, nur Hilfskonstruktionen für die Entscheidungsfindung sind. Sie können zehntausend Mal ausrechnen, was das Vernünftigste ist. Wenn das Modell immer zutreffen würde und Sie richtig gerechnet hätten, könnte es ja keine Verluste und keine Fehler mehr geben. Nehmen Sie die Fusion von Daimler und Chrysler …

… die Sie als Investmentbanker maßgeblich begleitet haben.

Analytisch gesehen eine tolle Sache: Präsenz im US-Markt mit dem einzig realistisch verfügbaren Partner, gute Ergänzung, viele mögliche Synergien, technische Umsetzung der Transaktion gut gelaufen. Trotzdem haben sich die vorher gemachten Pläne und Berechnungen nicht realisiert. Die Möglichkeit des Scheiterns läuft deshalb in komplexen Situationen immer mit. Das führt dazu, dass man sich vielfach über Modelle hinwegsetzt beziehungsweise hinwegsetzen muss und dem sogenannten Gefühl vertraut. Natürlich kann man argumentieren, was Sie Gefühl nennen, ist nichts anderes als das Resultat unendlich vieler Einflussfaktoren.

Vielleicht gehen in dieses Gefühl mehr Einflussfaktoren ein als in ein Modell.

Dann ist einfach das Modell nicht gut genug. In der Realität müssen Sie also die Unvollkommenheit von Modellen ständig berücksichtigen. Eine Erkenntnis, die gerade die letzten ökonomischen Krisen nochmals bestätigt haben.

Sie sagten, Gefühl sei nur der Ausdruck verschiedenster Einflussfaktoren. Steckt dahinter die Vorstellung, man könne jede Form der Emotionalität operationalisieren?

Emotionalität ist ein morphologisches Korrelat: elektrische Entladungen von Nervenzellen in bestimmten Hirnregionen. Wenn man einen spezifischen Bereich in Ihrem Gehirn stimuliert, kann man Sie plötzlich weinen lassen. Ist das dann ein Gefühl? Nein, es ist eine Reaktion auf bestimmte Einflüsse, die wir im täglichen Leben nicht hinreichend genau definieren und voneinander unterscheiden können, deswegen nennen wir es Emotionalität. Ebenso lässt sich vieles, was man als Krankheit bezeichnet, auf bestimmte morphologische Prozesse und Einflussfaktoren zurückführen. Aber wo fängt der Krankheitsbegriff an und wo hört er auf? Viele Leute sind neurotisch, und sie kommen ganz gut durch die Welt als Neurotiker. Andere fühlen sich krank, auch wiederum auf Grund von anderen Einflussfaktoren.

Uns geht es um die Frage, ob Sie glauben, im Kern sei alles berechenbar, wir können es nur noch nicht berechnen?

Damit beschäftige ich mich viel. Da kommt man schnell zur Frage, ob es etwas Metaphysisches gibt. Ich bin im Kern – weil es sich schöner rechnet – eher ein Anhänger des mechanistischen Menschen- und Weltbildes.

Das beruhigt Sie: dass im Kern alles berechenbar ist?

Nein, in der Konsequenz finde ich es eher beunruhigend. Weil es so keine menschliche Freiheit mehr gibt. Dann treffe nicht ich die Entscheidung, nach rechts oder links zu gehen, sondern sie resultiert aus Myriaden von Einflussfaktoren. In 10 000 Jahren kann man womöglich genau in Abhängigkeit von diesem Faktoren bestimmen, wohin ich gehe. Wenn der Mensch letztlich und zugespitzt ausgedrückt nur die Marionette dieser Einflussfaktoren ist, dabei mögen sowohl Umwelt als auch Gene eine Rolle spielen, erübrigen sich die Begriffe der Freiheit und Verantwortlichkeit.

Fehlende Verantwortlichkeit wird häufig als Ursache der Finanzkrise genannt.

Wie jeder Banker bin ich mir meiner Verantwortung nicht nur für meine Mitarbeiter und Klienten, sondern auch für die Stabilität des Systems, von dessen Funktionsfähigkeit wir leben, sehr bewusst. Oft wird als Ursache der Finanzkrise eine diesem System immanente Verantwortungslosigkeit speziell der Investmentbanker genannt.

Präsident Barack Obama sagte: Das Investmentbanking sei »eine Kultur, in der einige Leute enorm viel Geld damit verdienen, dass sie die gesamte Wirtschaft aufs Spiel setzen«.

Barack Obama hat mit diesem Statement auf einen konkreten Fall reagiert. Soweit ich mich erinnere, ging es um die Bestellung eines neuen Firmenjets, nachdem eine Bank gerade mit den Mitteln des Staates stabilisiert worden war. Genauso wie wir in dieser zweifelsohne schweren Krise nicht der Versuchung anheim fallen sollten, die Systemauswirkungen unseres Handelns kleinzureden, sollten wir es vermeiden, Einzelfälle zum Beleg für die Verwerflichkeit des ganzen Systems zu nehmen. Über viele Jahre war und ist das Investmentbanking als ein Begleitaspekt der Globalisierung auch an der Generierung von Wohlfahrtsgewinnen beteiligt gewesen. Trotzdem wollen wir uns bei Goldman Sachs nicht aus der Verantwortung stehlen, sondern versuchen, Vorschläge zur Verbesserung des Systems zu machen. Im Übrigen besitzen wir bei Goldman Sachs keine Firmenjets.

Der frühere, legendäre Goldman Sachs-Chef, Gus Levy, sagte: Ihre Bank unterscheide sich von anderen Investmentbanken, indem die Bank nicht auf kurzfristige Gier setze, sondern auf langfristige. Das zentrale Wort bleibt: Gier …

… eine der Todsünden.

Ist Gier der Motor Ihrer Branche?

Gier ist etwas ziemlich Menschliches und somit grundsätzlich uns allen zu eigen. Sie können Gier negativ oder positiv besetzen. Sie können sie beispielsweise Neugier nennen oder sie können Habgier meinen, was eine negative Konnotation hat.

Mit Gier ist in diesem Fall purer Egoismus gemeint.

Das ist Ihre Interpretation. Wir müssten schon Gus fragen, was er gemeint hat. Sicher hat er jedoch auf die langfristige Orientierung unseres Handelns hinweisen wollen.

Worin sehen Sie denn die Rolle einer Investmentbank, außer darin, Profite zu machen?

Ich bin auch nach zwanzig Jahren in diesem Geschäft und nach dem Durchleben vieler Krisen davon überzeugt, dass das, was wir tun, der gesamten Gesellschaft nutzt. Würde unsere Aufgabe darin bestehen, lediglich uns selbst zu bereichern, dann wäre unser Geschäftsmodell, einem Schneeballsystem gleich, äußerst kurzlebig. Vielleicht nicht der schlagendste Beweis, aber das gierige Raubtier stirbt relativ schnell aus, wenn es seinen Beutetieren keine Entwicklungschance gibt und seinerseits nicht ebenso in einen ökologischen

Kreislauf einbezogen ist. In den rund 140 Jahren unseres Bestehens haben wir es immer als unsere Aufgabe verstanden, Märkte zu kreieren. Eine freiheitlich organisierte und gleichzeitig komplexe Wirtschaftsordnung lebt von der Existenz von Märkten. Es muss jemanden geben, der Angebot und Nachfrage zusammenbringt oder besser gesagt, Liquidität auf Märkte bringt und somit Märkte macht. Darin sehen wir eine unserer wesentlichen Aufgaben. Denn eines steht doch außer Zweifel: Ohne Märkte wäre auch unsere freiheitliche, pluralistische und demokratische Grundordnung undenkbar. Wenn es für die Bedeutung von Märkten in diesem Kontext in der Gesellschaft ein breiteres Bewusstsein und Verständnis gäbe, würden diejenigen, die im Geldgewerbe arbeiten, vielleicht etwas positiver wahrgenommen und Märkte und ihre manchmal unberechenbare Entwicklung nicht so verteufelt werden. Natürlich gehören dazu auch Spielregeln, die die Existenz und Funktionsfähigkeit dieser Märkte schützen. Erst auf dieser Basis ist es möglich, mit dem auf diesen Märkten Erwirtschafteten auch sozial ausgleichend zu wirken. Das muss doch das Verständnis der sozialen Marktwirtschaft sein. Ohne Regeln geht es nicht, aber wir können auch nicht mit der sozialen Umverteilung anfangen, solange nichts erwirtschaftet wurde.

Dann ist Ihrer Ansicht nach das Imageproblem Ihrer Branche ein bloßes Aufklärungsproblem.

Nicht bloß, sondern auch. Es gibt keinen grundsätzlichen Disput darüber, dass unsere Branche, unser Institut, aber auch das Individuum, also jeder, der in Finanzmärkten agiert, eine Mitverantwortung für die Stabilität dieses Systems und damit logischerweise im Umkehrschluss auch für die Krise trägt. Es mag sein, dass ungesunde Entwicklungen auf dem US-Immobilienmarkt und in den Märkten für daraus abgeleitete Finanzprodukte übersehen beziehungsweise vielleicht auch bewusst übergangen wurden, frei nach dem Motto: Solange die Musik spielt, tanzen wir. Allerdings haben sich unterschiedliche Marktteilnehmer unterschiedlich verhalten, genauso wie diese auch in unterschiedlichem Ausmaß von der Krise betroffen waren und sind.

Goldman Sachs ist bisher besser durch die Krise gekommen, als die meisten anderen Banken. Wie erklären Sie sich das?

Wir beanspruchen nicht für uns, alles besser zu machen. Wir sind auch nicht viel schlauer als die anderen. Wir sind bloß, unserer Firmenkultur entsprechend, besonders vorsichtig. Was die Einschätzung und den Umgang mit Risiken angeht, ist das Teil unserer Unternehmenskultur. In einer freiheitlichen Wirtschaftsordnung muss man Menschen das Recht zu Entscheidungen lassen, selbst wenn man sie für einen Irrtum halten mag. Auch wenn man dem Immobilienboom skeptisch gegenüber gestanden hat, hatte man zu keinem Zeitpunkt die absolute Gewissheit, dass diese Skepsis berechtigt war. Nur im Nachhinein ist dann natürlich jeder schlauer. Es gab sogar Stimmen, die die seit Ende der neunziger Jahre stetige positive Entwicklung der Märkte mit dem Erreichen eines neuen Gleichgewichts, den sogenannten »Efficient Markets«, erklärt haben. Durch die Globalisierung würde es keine großen zyklischen Einbrüche mehr geben, weil die Märkte eben so effizient seien, dass keine zyklischen Schwankungen mehr auftreten würden. Nun, auch hier sind wir im Nachhinein schlauer. Aber nehmen wir mal einen Moment lang an, dieses These hätte gestimmt: Wie falsch wären dann all die Entscheidungen derer gewesen, die auf ein Platzen einer Blase gesetzt hatten?

Haben Sie an die Möglichkeit einer Periode effizienter Märkte geglaubt?

Nein, natürlich nicht. Ich glaube sehr wohl an das Funktionieren der Märkte, aber ich glaube nicht daran, dass es in der Realität perfekte, vollkommen effiziente Märkte gibt. Wenn Sie so wollen, ist das sicher auch eine der Aufgaben einer Investmentbank, die Märkte wenigstens etwas effizienter zu machen. Aber das ist weit vom Idealbild der volks- und betriebswirtschaftlichen Modelle entfernt.

Haben Märkte eine Moral?

Märkte haben nur so viel oder so wenig Moral wie die Summe der Akteure in diesen Märkten.

Es hängt also von den Akteuren ab.

Ja, das ist genauso wie in jedem anderen sozialen System. Auch in der Schule gibt es Schüler, die spicken, und andere spicken nicht. Menschen überschreiten Grenzen, um sich einen Vorteil zu verschaffen. Das sind ganz menschliche Beweggründe. Nur wenn diese Bereitschaft, Grenzen zu überschreiten, in einem bestimmten System überhand nimmt, entsteht dadurch ein Problem für das Funktionieren eines Systems.

Hatte das Finanzsystem in der Krise ein moralisches Problem?

Nein, ich glaube nicht. Es gab bedauerlicherweise spektakuläre Einzelfälle, die auf die Branche abfärbten, die sicher auf moralisches Versagen hindeuten. Wie Bernie Madoff, der Anleger um zig Milliarden betrogen haben soll. Es wäre aber meiner Ansicht nach ein Fehler, die Ursache der Finanzkrise in der moralischen Verderbtheit der Akteure zu suchen, sie resultierte vielmehr aus, wenn Sie so wollen, dem unschuldigem Unvermögen, die Entwicklungen und Zusammenhänge exakt vorherzusehen. Dies führt in Kombination mit einem typisch menschlichen Herdentrieb, der in der Wirtschaft schon immer vorgekommen ist, zu spekulativen Blasen. Das ist kein neues Phänomen: Die sprichwörtliche Goldgräberstimmung, der Tulpenzwiebel-Boom, die Junkbonds, die Internet-Bubble, jetzt die Subprime-Krise, und es wird sicher weitere geben. Das Platzen dieser Blasen hat unterschiedliche Auswirkungen, mal nicht so schwerwiegende, mal schwerwiegendere. Die Insolvenz von Lehman Brothers, dieses singuläre Ereignis, dessen Folgen niemand absehen konnte, war sicher eine der schwerwiegenderen Folgen. Uns allen fehlte die Erfahrung, was passiert, wenn eine große Investmentbank plötzlich nicht mehr zahlungsfähig ist.

Wie haben Sie die Pleite von Lehman Brothers erlebt?

Ich war in einem New Yorker Hotelzimmer und habe es auf CNBC gesehen.

Was dachten Sie?

Ich war extrem überrascht. Bis zuletzt hatte ich wie viele andere vermutet, dass es eine durch staatliche Stellen vermittelte Lösung geben würde. Die Integration der Bank in eine andere, ähnlich wie dies bei Bear Stearns der Fall war, erschien eine Möglichkeit zu sein, direkte staatliche Hilfen eine andere.

Wie war in den Tagen nach der Pleite die Stimmung an der Wall Street?

Niemand wusste so richtig, wie es weitergehen würde. Würde die Pleite ein Unternehmen nach dem anderen umstoßen? Ich halte Goldman Sachs, in dem was wir tun, für eine der besten Banken; das zeigt auch unsere Marktposition. Dennoch, auch ich war mir nicht sicher, was die weitere Entwicklung für unser Haus bedeuten würde. Ich nutze da immer ein plakatives Beispiel: Nehmen Sie Michael Phelps, vielfacher Schwimm-Olympiasieger und Weltmeister, also sicher jemand, der ein ganz besonders starker Schwimmer ist. Aber wenn ein Tsunami kommt, nutzt ihm dies nichts, und er ist in genau derselben Gefahr zu ertrinken wie jeder andere auch. Wenn ein ganzes System zusammenbricht und man Bestandteil dieses Systems ist, kann man nicht mit Sicherheit davon ausgehen, zu überleben.

Sehen Sie nicht in der Intransparenz des Systems einen der Gründe der Krise?

Die zunehmende Intransparenz ist der Preis für die Globalisierung und den damit verbundenen Wohlfahrtsgewinn für alle. Die Vielschichtigkeit der Verbindungen und Abhängigkeiten ist inzwischen so groß, dass wir uns immer wieder an das sprichwörtliche Beispiel aus der Chaostheorie erinnern, nach dem der Flügelschlag eines Schmetterlings auf Hawaii einen Tsunami in Indonesien auslösen kann. Diese Zusammenhänge können, ähnlich wie das Chaos, natürlich nicht jederzeit transparent sein. Gleichzeitig sollte aber die Verflechtung der Finanzprodukte und der unterschiedlichen Marktteilnehmer zu einer Diversifikation der Risiken führen. Insofern ist es auch ein Stabilisierungsfaktor. Letztlich sind Intransparenz und Risikodiversifikation zwei Seiten derselben Medaille.

Haben Sie eigentlich verstanden, was Ihre Mitarbeiter in der Derivateabteilung verkauften?

Natürlich kenne ich nicht alle Produkte, die entwickelt und verkauft werden. Das ist das Tagesgeschäft unserer Strukturierungsexperten, die mir die Produkte, sollte es im Einzelfall notwendig werden, schnell erklären können.

Ein Satz aus dem Tagebuch einer Derivatehändlerin: »Wir kalibrieren mit Garch beziehungsweise nutzen Modelle stochastischer Volatilität, etwa Hull, außerdem haben wir noch das Problem mit *fat tails* in den *volas,* die *smiles,* die *skews.*« Können Sie das übersetzen?

Dazu müsste ich wissen, was da gehandelt worden ist: Staatsanleihen, Inflation, Zinsen, was auch immer.

Was ist denn ein »Garch«?

Die Abkürzung für eine Gleichung, die Abweichungen von Daten in Zeitreihen und die Abhängigkeit ihrer eigenen Historie beschreibt, glaube ich.

Ein »Hull«?

Hull ist der Name eines Professors für Optionen und Futures, und hier ist wohl ein von ihm entwickeltes Modell gemeint. Übrigens ist mir aus der Medizin im Zusammenhang mit der Strahlentherapie ein anderer Hull in Erinnerung. Der, der den Strahlendruck definiert beziehungsweise entdeckt hat, etwas was so einfach auch nicht zu verstehen ist. Jede Disziplin hat ihre Fachterminologie.

Der Kern der Krise ist doch, dass ein System entstanden ist, das keiner mehr im Griff hatte. Da stellt sich die Frage: Wo fängt das Unverständnis an? Damit, dass man die Komplexität der Welt nicht mehr

versteht, oder schon damit, dass man die Komplexität des Produktes nicht mehr versteht?

Aber das ist ja kein Produkt, von dem Sie da sprachen.

Aber das ist die Gebrauchsanweisung für das Produkt, seine Rezeptur ...

Nein. Das sind bestimmte Handelsabläufe, die beobachtbar sind. Ein Verhalten von bestimmten Kursen unter bestimmten Prämissen. Klar gibt es exotisch anmutende Finanzinstrumente, die nicht jeder gleich auf Anhieb versteht. Nur soll man diese deswegen verbieten? Dann müsste man vieles verbieten, etwa viele Medikamente, von denen man nicht weiß, wie sie wirkten, nur dass sie wirken. Es geht vielmehr darum, das Risiko zu managen.

Die Politikwissenschaftlerin Ingrid Kurz-Scherf sieht die Wurzeln der Krise in der »Geschlechterkonstruktion« des Investmentbanking. Es sei ein »Reservat einer auf Kampf, Konkurrenz und Dominanz geeichten Männlichkeit«. Würde es nicht schon helfen, wenn Sie ein paar Frauen einstellen würden?

Aber wir stellen ständig Frauen ein und versuchen, unseren Frauenanteil und damit unsere Diversivität zu verstärken, übrigens nicht nur im Hinblick auf das Geschlecht, sondern auch auf Religion, ethnische Herkunft und andere Faktoren.

Der ehemalige Goldman Sachs-Banker Jonathan Knee hat ein Buch über Ihre Branche geschrieben, in dem er sagt: Investmentbanker hätten einen unternehmerischen, aggressiven, risikobereiten Zugang zum Leben – das ist doch spezifisch männlich.

Aggressiv – das stimmt nicht. Im Gegenteil: Wir sind nicht bissig und aggressiv wie Hunde, die andere Hunde wegbeißen. Das ist ähnlich wie mit dem Thema Gier, das wir schon besprochen haben. Wenn man zu aggressiv ist, findet man sich schnell isoliert, weil keiner mehr Geschäfte mit einem machen will. Wenn wir das Wort allerdings etwas positiver besetzen, im Sinn von »Sachen angehen«, dann mag das sicher stimmen. Das ist aber keinesfalls eine spezifisch männliche Eigenschaft. Und vergessen Sie bei all den Beschreibungen und Mythen über das Investmentbanking nicht: Letztlich ist harte und vielfach mühsame Arbeit der ganz triviale Grund für eine erfolgreiche Organisation oder eine erfolgreiche Transaktion.

Woher kommen dann diese Bilder von den Investmentbankern – nur aus Büchern wie *Fegefeuer der Eitelkeiten* und Filmen wie *Wall Street*?

Menschen bauen Mythen, wenn sie die Fakten nicht kennen. Und das Investmentbanking ist ein relativ abgeschlossenes System. Außerdem sind viele Mitarbeiter, die einen erheblichen Arbeitseinsatz zeigen, sehr jung. Daraus entsteht dann vielleicht auch der ein oder andere Mythos. Aber ich kann Ihnen versichern, auch wir arbeiten an Schreibtischen und in Großraumbüros. Keiner fühlt sich als *Master of the Universe*. Wir sind Dienstleister.

Sie nannten sich einmal »Hired Gun«.

Das sollten Sie in den Kontext setzen, in dem ich es gesagt habe. Es ging wieder mal um die Fusion von Daimler und Chrysler, und man hatte unterstellt, dass wir Investmentbanker die Mächtigen seien und bestimmten, wie Unternehmen verschoben würden. Meine Antwort war eindeutig: Das ist nicht richtig. Vielmehr bin ich, in Anführungszeichen, eine »Hired Gun«. Man mietet uns, um ein bestimmtes Problem zu lösen. Also in diesem Fall, um eine transatlantische Transaktion im Rahmen eines Aktientausches über verschiedene rechtliche Systeme und Kapitalmärkte hinweg zu akzeptablen Bedingungen für beide Seiten umzusetzen. Wir sind aber nicht diejenigen, die die strategische Logik ersinnen, da können wir höchstens begleitend Anregungen geben, aber das ist die Aufgabe des Topmanagements, das dazu viel qualifizierter ist als wir und das letztlich auch die Verantwortung trägt. Insofern habe ich mich im Bezug auf die technische Umsetzung der Transaktion als »Hired Gun« bezeichnet. Wenn man das Wort aus dem Zusammenhang reißt, klingt es natürlich martialisch. Gerade in Folge des Eindringens englischer Worte und Redewendungen in unseren Sprachraum kommt es häufig zu Missverständnissen.

Das Investmentbanking hat dem Bankiersberuf, der etwas Steifes, Gesetztes hatte, das Moment der Jugendlichkeit hinzugefügt. Sehen Sie sich in dieser Rolle?

Das Investmentbanking hat dem traditionellen Kreditgeschäft in Deutschland zunächst einmal die moderne Kapitalmarkttechnologie gebracht. Und die ist ganz klar angelsächsisch geprägt. Da ist eine neue Generation von Bankern herangewachsen, die mit Erfahrungen aus den USA oder aus Großbritannien auf den deutschen Markt gekommen sind und diese Technologien hier eingeführt haben. Das ist sicher ein Verdienst des Investmentbankings. Investmentbanker haben für die Treuhand die ostdeutsche Wirtschaft verkauft – mit standardisierten Verfahren: Vertraulichkeitserklärung, *first round bid*, *second round bid*, *binding offer* und so weiter. Damals waren diese Begriffe noch nicht so verbreitet. Heute kennt sie jeder Betriebswirtschaftsstudent. Damals wurde der Kauf und Verkauf von Unternehmen standardisiert und damit auch rationalisiert. Das hat dazu geführt, dass Portfolioentscheidungen aus Managementsicht schneller und mit vorhersagbaren Ergebnissen getroffen und umgesetzt werden konnten. Investmentbanker haben geholfen, einen Markt für Unternehmenskäufe zu schaffen. Auf diesem Markt werden Angebot und Nachfrage routiniert und effizient zusammengebracht. Dazu musste man nicht mehr rotweinglasschwenkend in einem Hinterzimmer sitzen, wie es das alte Bild vom Bankier war, und sagen: So wird es gemacht, ohne dafür eine rationale Begründung liefern zu können.

Sie trinken nicht – das würde nur Zeit kosten.

Ich trinke natürlich, aber keinen Alkohol. Nicht aus Zeitgründen, sondern um stets meine Sinne beisammen zu haben.

Was halten Sie für Ihre große Stärke?

Eine meiner mittlerweile größten persönlichen Fähigkeiten beruht einfach auf der vergleichsweise langen und intensiven Erfahrung, die ich jetzt in meinem Beruf habe. Manchmal komme ich mir schon wie ein Dinosaurier der Branche vor. Bei Goldman Sachs gibt es nur eine ganz kleine Gruppe von Mitarbeitern, die länger als ich dabei sind, und auch die über 50-Jährigen sind dünn gesät. Darüber hinaus beruht die Erfahrung nicht nur auf einer vergleichsweise langen Zeit, sondern auch auf meiner Kenntnis der deutschen, europäischen und angelsächsischen Investmentbanking-Industrie. Ich bin mit ihr gewachsen.

Sie sind der Erste, der im Investmentbanking alt werden will.

Das habe ich vor. Ein Vorstandsvorsitzender, den ich berate, sagte kürzlich zu mir: »Diese Investmentbanker wechseln immer – keine Personalkonstanz!« Da habe ich ihm im Scherz geantwortet: »Jetzt seien Sie mal vorsichtig. Ich habe schon für Ihren Vorvorgänger und für Ihren Vorgänger gearbeitet, und ich sage Ihnen was: Ich werde auch noch für Ihren Nachfolger arbeiten!«

Zu den Gesprächspartnern

Frank Appel

Geboren am 29. Juli 1961 in Hamburg. Appel studierte in Hamburg und München Chemie, schloss das Studium mit dem Diplom ab und ging an die Eidgenössische Technische Hochschule in Zürich. Dort promovierte er 1993 im Fach Neurobiologie. Appel ist verheiratet, hat zwei Kinder und lebt im Siebengebirge.
1993 begann er als Berater und Projektleiter bei der Unternehmensberatung McKinsey in Frankfurt am Main, 1999 wurde er zum Partner berufen. Ein Jahr später wechselte er zur Deutschen Post AG, 2002 wurde er in den Vorstand berufen, wo er sich unter anderem um den Bereich Logistik kümmerte. Als sein Förderer, der Vorstandsvorsitzende der Deutschen Post Klaus Zumwinkel, sein Amt wegen Steuerhinterziehung aufgeben musste, übernahm Appel im März 2008 die Position.

Alexander Dibelius

Geboren am 23. Oktober 1959 in München. Der Vater war Musikwissenschaftler, der Großonkel, Otto Dibelius, Vorsitzender des Rates der Evangelischen Kirche Deutschlands. Alexander Dibelius ist verheiratet und lebt in München.
Nach dem Abitur studierte Dibelius Humanmedizin in München, promovierte im Alter von 24 und arbeitete anschließend als Chirurg an der Universitätsklinik Freiburg. 1987 brach er die Ausbildung zum Facharzt ab und ging zur Unternehmensberatung McKinsey, wo er nach wenigen Jahren zum Partner berufen wurde. 1993 verließ er McKinsey und wechselte zur deutschen Niederlassung der Investmentbank Goldman Sachs. 1997 wurde Dibelius Managing Director und 1998 Partner. Er arbeitete maßgeblich an der Fusion der Autobauer Daimler und Chrysler und der Fusion der Telekommunikationsunternehmen Vodafone und Mannesmann mit. 2004 wurde er zum alleinigen Chef von Goldman Sachs für den deutschsprachigen Raum berufen.

Thomas R. Fischer

Geboren am 6. Oktober 1947 in Berlin, einige Jahre seiner Jugend verbrachte er in Kanada. Nach dem Abschluss der Realschule arbeitete Fischer im Betrieb seines Vaters in Berlin und war aktiver Boxer; 1973 legte er das Abitur an einem Berliner Abendgymnasium ab, 1981 promovierte er an der Universität Freiburg im Fach Volkswirtschaftslehre. Fischer ist verheiratet und lebt in Berlin und Kanada.
Durch den Verkauf des väterlichen Betriebs finanziell unabhängig, ging Fischer 1981 zum Batteriehersteller Varta, dessen Controlling er zuletzt leitete. Fischer wechselte 1985 zur Deutschen Bank und wurde dort 1988 zum Direktor berufen, ab 1995 leitete er den Bereich Risikomanagement. Mitte der 1990er Jahre übernahm er den stellvertretenden Vorstandsvorsitz der zweitgrößten deutschen Sparkasse, der

Landesgirokasse in Stuttgart, und kehrte 1999 als Vorstandsmitglied zur Deutschen Bank zurück. Wegen Meinungsverschiedenheiten mit dem Sprecher des Vorstands, Josef Ackermann, verließ Fischer das Institut. 2004 wurde er Chef der Westdeutschen Landesbank. Nach Verlusten der Bank durch Fehlspekulationen entließ ihn der Aufsichtsrat im Juli 2007.

Hubertus von Grünberg

Geboren am 20. Juli 1942 in Swinemünde, heute Polen; zu von Grünbergs Vorfahren, die zum preußisch-hinterpommerschen Adel zählten, gehört Marschall Blücher, der in Waterloo gegen Napoleon kämpfte. Von Grünberg studierte in Köln theoretische Physik und promovierte dort 1970 über Einsteins Relativitätstheorie. Später ließ er sich an der Harvard University im Bereich Management ausbilden. Er ist verheiratet.

1971 begann von Grünberg als Projektleiter für Kfz-Hydraulik beim Autozulieferer Teves in Frankfurt am Main, zwischen 1976 und 1980 leitete er die brasilianischen Produktionsstätten des Unternehmens und wurde 1981 Direktor des amerikanischen Geschäftsbereiches in Troy, Michigan. Nach 1984 war er Vorsitzender der Geschäftsführung von Teves und Vizepräsident der Muttergesellschaft ITT, 1989 wurde er Chef des Bereichs Automotive von ITT. Zwei Jahre später wechselte von Grünberg als Vorstandsvorsitzender zum Reifenhersteller Continental in Hannover, gab diesen Posten 1999 auf und wurde Aufsichtsratsvorsitzender des Unternehmens. 2007 berief ihn der Schweizer Elektronikkonzerns ABB zum Verwaltungsratspräsidenten, im Frühjahr 2009 verließ er Continental, nachdem die Übernahme des Unternehmens durch die Schaeffler-Gruppe einen Machtkampf um die Führung ausgelöst hatte.

Jürgen Hambrecht

Geboren am 20. August 1946 in Reutlingen. Sein Vater war Handwerksmeister, sein Großvater hatte in Brasilien eine Fabrik aufgebaut und arbeitete später in Deutschland im Baustoffhandel. Hambrecht studierte in Tübingen Chemie, 1975 promovierte er. Er ist verheiratet, hat vier Kinder und lebt in Neustadt an der Weinstraße.

Nach dem Studium begann Hambrecht in den Laboratorien der BASF, 1985 übernahm er die ersten operativen Aufgaben, 1990 die Leitung des Geschäftsbereichs technische Kunststoffe. Fünf Jahre später ging er nach Hongkong, von wo aus er bis 1999 das Ostasiengeschäft der BASF betreute, ab 1997 auch als Vorstandsmitglied. 2003 wurde Hambrecht zum Vorstandsvorsitzenden ernannt.

Hartmut Mehdorn

Geboren am 31. Juli 1942 in Berlin. Während des Krieges flüchtete die Familie nach Bayern, wo Hartmut Mehdorn zur Schule ging. Nach der Rückkehr nach Berlin

gründete der Vater 1948 eine Fabrik für Spritzgussteile. Dort arbeitete Hartmut Mehdorn während seines Maschinenbaustudiums. Er ist verheiratet, hat drei Kinder und lebt in Berlin.
1965 ging Mehdorn zum Flugzeughersteller Focke-Wulf in Bremen, der sich als Vereinigte Flugzeugtechnische Werke GmbH am 1970 gegründeten Airbus-Konsortium beteiligte. Ab 1974 leitete Mehdorn dort ein Programm zur Serienfertigung der ersten Airbusse; 1979 rückte er in den Vorstand der Airbus Holding SA in Toulouse auf und war dort für Produktion, Einkauf und Qualitätssicherung zuständig. 1989 wurde Mehdorn Geschäftsführer der Deutsche Airbus GmbH, 1993 übernahm er das Ressort Luftfahrt der Deutschen Aerospace AG (DASA) und schuf die Voraussetzungen, dass Teile der Airbus-Produktion nach Deutschland verlagert wurden. Nachdem er nicht zum Vorstandsvorsitzenden der DASA ernannt wurde, wechselte Mehdorn 1995 zur Heidelberger Druckmaschinen GmbH, 1999 ging Mehdorn als Vorstandsvorsitzender zur Deutschen Bahn AG, die er nach zehn Jahren im Frühjahr 2009 verließ. Derzeit ist Mehdorn Vorstandsmitglied der Fluggesellschaft Air Berlin.

Matthias Mitscherlich

Geboren am 25. Januar 1949 in Konstanz. Seine Eltern Margarete und Alexander Mitscherlich gelten als zwei der bedeutendsten Psychoanalytiker der Bundesrepublik. Matthias Mitscherlich studierte Jura und wurde 1976 an der Universität Frankfurt am Main promoviert. Er ist verheiratet, hat vier Kinder und lebt in Mühlheim an der Ruhr.
Nach Stationen als Mitglied einer Anwaltskanzlei in New York und Unternehmer in Deutschland wurde Mitscherlich 1983 Geschäftsführer einer Tochterfirma von Kloeckner in Nigeria. 1987 wechselte er als Geschäftsführer zur Agro Faber Agriculture and Food Technology GmbH in München, einem Gemeinschaftsunternehmen von Kloeckner und der BayWa AG. 1994 wurde Mitscherlich Geschäftsführer von Kloeckner, 1995 Vorsitzender der Geschäftsführung. Ein Jahr später trat er zudem in die Geschäftsführung der Nukem GmbH ein, dem Mutterunternehmen von Kloeckner. In den Jahren 2000 bis 2002 war Mitscherlich als Vorsitzender des Vorstands der Athens International Airport S.A. zuständig für den Ausbau des Flughafens vor den Olympischen Spielen in Griechenland, 2003 wurde er zum Vorsitzenden des Vorstands der MAN Ferrostaal AG in Essen berufen.

Werner Müller

Geboren am 1. Juni 1946 in Essen. Aufgewachsen ist er im niedersächsischen Meppen. Müller studierte Volkswirtschaft in Mannheim sowie Philosophie und Linguistik in Duisburg und Bremen. Er schloss seine Studien als Diplom-Volkswirt ab und promovierte 1978 in Linguistik. Müller ist verheiratet und hat zwei Kinder, die Familie lebt in Mühlheim an der Ruhr.

Nach Anstellungen und Lehraufträgen an mehreren Hochschulen ging Müller 1973 zum Energiekonzern RWE in Essen, 1980 wechselte er zu Veba in Düsseldorf, wo er 1990 Generalbevollmächtigter für Energiefragen wurde. Sieben Jahre später schied er bei Veba aus und arbeitete als Berater für die Industrie. Parallel zu seinen Anstellungen hatte Müller seit 1991 den niedersächsischen Ministerpräsidenten Gerhard Schröder in Energiefragen beraten, 1998 ernannte ihn der zum Bundeskanzler gewählte Schröder zu seinem Wirtschaftsminister. Nachdem Müller nach der Wahl 2002 nicht erneut zum Wirtschaftsminister berufen worden war, übernahm er 2003 den Vorstandsvorsitz der hochsubventionierten Ruhrkohle AG, die er in den folgenden Jahren zur Evonik Industries AG umbaute. Für diese Arbeit wurde er 2008 zum »Manager des Jahres« gewählt, im selben Jahr schied Müller bei Evonik aus, behielt aber sein Mandat als Aufsichtsratschef der Bahn.

René Obermann

Geboren am 5. März 1963. Nach Abitur und Wehrdienst ließ sich Obermann zwischen 1984 und 1986 bei BMW in München zum Industriekaufmann ausbilden. Ein Studium der Volkswirtschaftslehre in Münster brach er nach dem Vordiplom ab. Obermann hat zwei Kinder aus einer früheren Ehe, er lebt mit der Moderatorin Maybrit Illner zusammen.

1986 gründete Obermann gemeinsam mit einem Partner in Münster das Unternehmen ABC Telekom, ein Handelsgeschäft mit Telekommunikationsgerätschaften, das binnen weniger Jahre einen zweistelligen Millionenbetrag umsetzte. 1991 übernahm der Konzern Hutchison Whampoa aus Hongkong die Akteinmehrheit am Unternehmen; Obermann wurde 1994 Vorsitzender der Geschäftsführung der dann Hutchison Mobilfunk GmbH genannten Firma. 1998 wechselte er zu T-Mobile, 2002 wurde er dort Vorstandsvorsitzender und Mitglied des Vorstands bei der Muttergesellschaft Deutsche Telekom AG. Vier Jahre später, im November 2006, übernahm er den Vorstandsvorsitz der Deutschen Telekom AG.

Heinrich von Pierer

Geboren am 26. Januar 1941 in Erlangen. Der Vater war Berufsoffizier, der Großvater, ein Generalmajor, war 1900 geadelt worden. Als Schüler schrieb von Pierer für das *Erlanger Tagblatt* und wurde bayerischer Jugendmeister im Tennis, anschließend studierte er an der Universität Erlangen-Nürnberg Volkwirtschaft und Jura; 1968 promovierte er zum Dr. jur., 1969 beendete er das Studium der Volkswirtschaft mit dem Diplom. Er lebt in Erlangen gemeinsam mit seiner Frau, das Paar hat drei Kinder.

1969 begann von Pierer als Syndikus bei Siemens, nach unterschiedlichen Stationen im Unternehmen leitete er ab 1989 die Energieerzeugung und wurde in den Bereichsvorstand berufen. 1972 war von Pierer zudem für die CSU in den Erlanger Stadtrat gewählt worden, 1990 war das Mandat beendet. Im selben Jahr wurde Pierer Mitglied im Zentralvorstand von Siemens, 1992 rückte er zum Vorstandsvorsitzenden auf. In der folgenden Zeit beriet von Pierer die Bundeskanzler Helmut Kohl und Gerhard Schröder, später auch Bundeskanzlerin Angela Merkel – von Pierer war der bislang einzige deutsche Manager, der vor der UNO sprechen durfte. Anfang 2005 wechselte er an die Spitze des Siemens-Aufsichtsrats, 2007 räumte er den Posten, nachdem bekannt geworden war, dass Siemens im Ausland Bestechungsgelder in Milliardenhöhe gezahlt hatte, um Aufträge zu erhalten. 2008 gründete er das Beratungsunternehmen »Pierer Consulting«.

Kai-Uwe Ricke

Geboren am 29. Oktober 1961 in Krefeld. Sein Vater war zwischen 1990 und 1994 Vorstandsvorsitzender der Deutschen Bundespost Telekom, die 1995 in die Deutsche Telekom AG überging. Nach einer Lehre zum Bankkaufmann studierte Kai-Uwe Ricke Betriebswirtschaft an der European Business School. Er ist verheiratet, hat zwei Kinder und lebt in der Schweiz.
Ricke begann seine berufliche Karriere als Vorstandsassistent bei Bertelsmann, wechselte dann als Vertriebs- und Marketingleiter zur Scandinavian Music Club AG in Malmö. 1990 ging er zum Telefonanbieter Talkline, einem Konkurrenten der Telekom, und wurde dort 1995 Sprecher der Geschäftsführung. Als Vorsitzender der Mobilfunksparte wechselte er 1998 zur Telekom und wurde dort 2000 Vorstandschef von T-Mobile, ein Jahr später rückte er zudem in den Vorstand der Telekom auf. Im November 2002 wurde Ricke Vorstandsvorsitzender und konnte Anfang 2006 das bis dahin beste Geschäftsergebnis des Konzerns präsentieren. Zum selben Zeitpunkt übernahm der US-Investor Blackstone Anteile an der Telekom, im November 2006 wurde Ricke als Vorstandschef abgelöst. 2008 wurde bekannt, dass die Telekom in der Amtszeit Rickes einige ihrer Manager abgehört hatte, um Informanten der Medien ausfindig zu machen. Ricke ist Mitglied in verschiedenen Aufsichtsräten und hat eine eigene Investmentfirma gegründet.

Margret Suckale

Geboren am 31. Mai 1956 in Hamburg. Margret Suckale studierte dort Jura, anschließend erwarb sie den Master of Business Administration an der Northwestern University in Illinois, USA; weitere Studien in Management sowie Mediation und Verhandlungstechnik absolvierte sie an der Universität in St. Gallen und in Harvard. Suckale ist verheiratet und lebt in Berlin.
In den Jahren 1985 bis 1996 arbeitete sie für das US-amerikanische Unternehmen Mobil Oil im Rechts- und Personalbereich in verschiedenen Ländern, 1997 ging sie zur Deutschen Bahn AG nach Berlin, 2005 wurde sie dort Mitglied des Vorstands, zuständig für den Bereich Personal, und zudem Arbeitsdirektorin. Die Tarifverhandlungen im Jahr 2007, die sich zu einer Auseinandersetzung vor allem zwischen der Lokführergewerkschaft GDL und der Deutschen Bahn zuspitzten,

wurden schließlich 2008 maßgeblich durch die Vermittlung von Suckale beigelegt. Dafür wurde sie als »Managerin des Jahres« ausgezeichnet. Als im Frühjahr 2009 der Vorstandsvorsitzende Hartmut Mehdorn und mehrere Vorstände vor dem Hintergrund einer Affäre um die Ausspähung von Bahn-Mitarbeitern das Unternehmen verließen, wechselte Suckale im Sommer des Jahres als Leiterin der Zentraleinheit für Personalangelegenheiten zum Chemiekonzern BASF.

Quelle: Munzinger Archiv

- Gemeinschaften. Auf der Suche nach Sicherheit in einer bedrohlichen Welt. Aus dem Englischen von Frank Jakubzik. es 2565. 180 Seiten
- Leben in der Flüchtigen Moderne. es 2503. 287 Seiten

Ulrich Beck
- Gegengifte. Die organisierte Unverantwortlichkeit. es 1468. 324 Seiten
- Risikogesellschaft. Auf dem Weg in eine andere Moderne. es 1365 und es 3326. 396 Seiten
- Das Schweigen der Wörter. Über Terror und Krieg. Rede vor der Staatsduma Moskau, November 2001. Sonderdruck es. 57 Seiten

Andreas Bernard, Ulrich Raulff (Hg.). Theodor W. Adorno. »Minima Moralia« neu gelesen. es 2284. 144 Seiten

Pierre Bourdieu
- Die politische Ontologie Martin Heideggers. Übersetzt von Bernd Schwibs. es 1514. 158 Seiten
- Über das Fernsehen. es 2054. 139 Seiten
  Praktische Vernunft. Zur Theorie des Handelns. es 1985. 225 Seiten

Judith Butler
- Psyche der Macht. Das Subjekt der Unterwerfung. es 1744. 197 Seiten
- Gefährdetes Leben. Politische Essays. Übersetzt von Karin-Wördemann. es 2393. 179 Seiten

Colin Crouch. Postdemokratie. es 2540. 159 Seiten

Gilles Deleuze
- Die Logik des Sinns. Aesthetica. Herausgegeben von Karl Heinz Bohrer. Übersetzt von Bernhard Dieckmann.

NF 381/2/8.09

es 1707. 397 Seiten
- Unterhandlungen 1972-1990. Übersetzt von Gustav Roßler. es 1778. 262 Seiten

Jacques Derrida
- Das andere Kap. Die vertagte Demokratie. Zwei Essays zu Europa. Übersetzt von Alexander García Düttmann. es 1769. 97 Seiten
- Die unbedingte Universität. Übersetzt von Stefan Lorenzer. es 2238. 77 Seiten

Gudrun Ensslin/Bernward Vesper. Notstandsgesetze von Deiner Hand. Briefe 1968/69. Herausgegeben von Caroline Harmsen, Ulrike Seyer und Johannes Ullmaier. es 2586. 289 Seiten

Anthony Giddens. Entfesselte Welt. Wie Globalisierung unser Leben verändert. Übersetzt von Frank Jakubzik. es 2200. 116 Seiten

Boris Groys. Das kommunistische Postskriptum. es 2403. 95 Seiten

Jürgen Habermas
- Ach, Europa. Kleine politische Schriften XI. es 2551. 191 Seiten
- Der gespaltene Westen. Kleine politische Schriften X. es 2383. 208 Seiten
- Zeitdiagnosen. Zwölf Essays 1980-2001. es 2439. 264 Seiten
- Legitimationsprobleme im Spätkapitalismus. es 623. 208 Seiten

Wilhelm Heitmeyer (Hg.)
- Deutsche Zustände. Folge 1. es 2290. 304 Seiten
- Deutsche Zustände. Folge 2. es 2332. 320 Seiten
- Deutsche Zustände. Folge 4. es 2454. 320 Seiten
- Deutsche Zustände. Folge 5. es 2484. 300 Seiten

NF 381/3/8.09

- Deutsche Zustände. Folge 6. es 2525. 308 Seiten
- Deutsche Zustände. Folge 7. es 2552. 328 Seiten

Wolfgang Hoffmann-Riem
- Kriminalpolitik ist Gesellschaftspolitik. es 2154. 232 Seiten
- Modernisierung von Recht und Justiz. Eine Herausforderung des Gewährleistungsstaates. es 2188. 364 Seiten

Barbara Holland-Cunz. Die alte neue Frauenfrage. es 2335. 309 Seiten

Robert Menasse. Permanente Revolution der Begriffe. Essays. Gepl. Erscheinung: Nov. 2009. es 2592. 120 Seiten

Chantal Mouffe. Über das Politische. Wider die kosmopolitische Illusion. es 2483. 169 Seiten

Richard Rorty. Die Schönheit, die Erhabenheit und die Gemeinschaft der Philosophen. es 2149. 87 Seiten

Peter Sloterdijk
- Versprechen auf Deutsch. Rede über das eigene Land. es 1631. 82 Seiten
- Weltfremdheit. es 1781. 381 Seiten
- Zur Welt kommen – Zur Sprache kommen. Frankfurter Vorlesungen. es 1505. 175 Seiten

Slavoj Žižek
- Die politische Suspension des Ethischen. Übersetzt von Jens Hagestedt. es 2412. 203 Seiten
- Auf verlorenem Posten. Übersetzt von Frank Born. es 2562. 319 Seiten
- Die Revolution steht bevor. Dreizehn Versuche über Lenin. Aus dem Englischen von Nikolaus G. Schneider. es 2298. 192 Seiten

NF 381/4/8.09